ÉTUDE GÉOLOGIQUE

SUR LES

TERRAINS CRÉTACÉS ET TERTIAIRES

DU

COTENTIN

PAR

M. E. VIEILLARD

INGÉNIEUR AU CORPS DES MINES

ET **M. G. DOLLFUS**

MEMBRE DE LA SOCIÉTÉ GÉOLOGIQUE DE FRANCE

CAEN

IMPRIMERIE DE F. LE BLANC-HARDEL

RUE FROIDE, 2 ET 4

1875

ÉTUDE GÉOLOGIQUE

SUR LES

TERRAINS CRÉTACÉS ET TERTIAIRES

DU COTENTIN

Extrait du Bulletin de la Société Linnéenne de Normandie,
2ᵉ série, t. IX.

ÉTUDE GÉOLOGIQUE

SUR LES

TERRAINS CRÉTACÉS ET TERTIAIRES

DU

COTENTIN

PAR

M. E. VIEILLARD

INGÉNIEUR AU CORPS DES MINES

ET M. G. DOLLFUS

MEMBRE DE LA SOCIÉTÉ GÉOLOGIQUE DE FRANCE

CAEN

IMPRIMERIE DE F. LE BLANC-HARDEL

RUE FROIDE, 2 ET 4

—

1875

INTRODUCTION.

L'étude des terrains crétacés et tertiaires du Cotentin, que nous avons l'honneur de présenter à la Société Linnéenne de Normandie, est le résultat, tant de recherches particulières faites isolément par chacun des auteurs, que d'investigations générales, postérieures et plus minutieuses, faites en commun.

Les explorations sur le terrain, commencées originairement en 1871 par M. Vieillard, chargé par le conseil général de la Manche de dresser la carte géologique au $\frac{1}{80,000}$ de ce département, ont été reprises et complétées en 1874 avec M. Dollfus, que ses études spéciales de paléontologie avaient déjà amené à visiter le Cotentin, en 1873. Bien que chaque localité ait été scrupuleusement explorée, chaque chemin battu, chaque fossé, chaque abreuvoir fouillés, bien que la moindre excavation encore accessible ait été l'objet de recherches minutieuses, nombre de faits observés par les anciens auteurs, il y a 50 ans et plus, échappent actuellement aux investigations par suite du comblement à peu près généralement pratiqué des anciennes carrières de toute la région. Toutefois, les coupes que nous avons enregistrées ont été relevées avec le plus grand soin et les fossiles scrupuleusement recueillis en place.

Pour qu'on puisse apprécier la part de responsabilité particulière qui revient à chacun de nous dans ce travail, nous dirons que M. Vieillard ayant fait, par suite de ses études antérieures, la reconnaissance générale du pays, la recherche des gisements signalés par les anciens auteurs, et constaté l'existence de quelques dépôts inconnus jusqu'ici, s'est plus spécialement occupé de la carte et des coupes, revues cependant et discutées en commun, tandis qu'à M. Dollfus revient, en particulier, le côté paléontologique de cette étude et les questions de synchronisme des terrains qui occupent une large place dans le texte qui va suivre; discutés d'ailleurs comme la carte, tous les termes et toutes les conclusions ont donc été adoptés en commun.

De cette entente complète sur tous les points de notre travail, les relations stratigraphiques et les données paléontologiques venant se corroborer les unes les autres, il résulte entre les auteurs une entière solidarité de vues et de responsabilité que nous nous empressons de signaler ici.

Nous devons remercier pour leur bienveillant concours M. Hébert de Paris qui nous a ouvert sa riche collection de la Manche, MM. Fischer et Tournouer qui nous ont facilité bien des déterminations, le regretté F. Bayan qui nous avait tout particulièrement encouragés de ses conseils et de ses immenses matériaux.

La carte qui accompagne notre mémoire, à une échelle double de celle de l'État-major ($\frac{1}{40,000}$), a été relevée sur l'atlas des cartes cantonales du département ; mais nous nous sommes servis dans nos courses des minutes de l'État-Major sur lesquelles, le figuré des terrains étant assez exactement tracé, nous avons pu dessiner plus facilement les surfaces géologiques observées.

Les coupes ont été dressées d'après les plus grandes probabilités, car l'inclinaison des couches étant très-peu sensible et aucun sondage n'étant venu traverser l'épais manteau du plateau quaternaire d'Orglandes, le sous-sol reste hypothétique et les conclusions ne peuvent être qu'approximatives.

Les assimilations géologiques des assises du Cotentin avec celles d'autres régions sont exclusivement basées sur la paléontologie, c'est-à-dire qu'elles représentent des homotaxies et non un synchronisme stratigraphique positif. Mais nous n'insisterons pas davantage sur ces détails matériels, regrettant seulement, au point de vue paléontologique, de n'avoir pu figurer tous les matériaux nouveaux que nous avons découverts, ni même les types des espèces les plus caractéristiques et les plus répandues. L'un de nous, M. Dollfus, se réserve de publier ultérieurement en monographie les plus curieux de ces fossiles, et de combler ainsi la lacune de la présente étude. Devons-nous ajouter encore que ce travail est présenté avec la plus entière sincérité, sans aucun parti pris, que nous n'avons eu en vue ni la démonstration d'aucune hypothèse préconçue, ni l'affirmation d'aucune théorie. Nous nous en sommes tenus à exposer de la façon la plus simple et la plus nette, tout un ensemble de faits remarquables, en les interprétant seulement, quand la chose était nécessaire, par les explications qui nous semblaient les plus probables et les plus naturelles.

BIBLIOGRAPHIE.

Nous avons consulté les ouvrages suivants qui renferment d'utiles renseignements :

DE GERVILLE. — Journal de physique, deux notes, 1814 et 1817, Paris (sous forme de lettres à M. Defrance).

DEFRANCE. — Dictionnaire des sciences naturelles, 1822 (nombreuses descriptions de coquilles communiquées par M. de Gerville), Paris.

DE CAUMONT. — Explication de la carte géologique de la Manche, 1825, tome II. Mémoires de la Société Linnéenne de Normandie.

ID. — Carte géologique de la Manche (région Nord).

DESNOYERS. — Mémoire sur la craie et les terrains tertiaires du Cotentin. 1826. Mémoires de la Société d'Histoire naturelle de Paris.

DE GERVILLE. — Études géographiques et historiques sur le département de la Manche. 1854, Cherbourg, 1 vol. in-8°.

LYELL. — Proceedings of the geological Society, tome III, p. 438. 1841 (Note sur le tertiaire de la Manche).

DESLONGCHAMPS. — Compte-rendu de la réunion extraordinaire de la Société géologique de France à Cherbourg. 1865.

BONNISSENT. — Essai géologique sur le département de la Manche. Mémoires de la Société des sciences naturelles de Cherbourg, 1868-1870.

Notes et catalogues inédits de M. de Gerville au musée de Cherbourg (1812-1839).

Notes isolées et descriptions particulières de MM. Hébert, Tournouer, Bell, etc., que nous rappellerons dans le texte en traitant des points étudiés par ces géologues.

HISTORIQUE.

L'étude du sol et de l'ordre d'apparition des matériaux qui le forment est une science récente ; la géologie est plus jeune que ce siècle ; aussi n'avons-nous pas à remonter bien haut pour reconnaître le mérite des explorateurs qui nous ont précédés.

La Manche a été relativement explorée de bonne heure ; M. de Gerville collectionnait, dès 1814, les fossiles et les roches et accumulait les matériaux dont nous ferons plus loin l'histoire ; c'est même sur ses indications que M. Constant Prévost crut voir dans la succession des assises du Cotentin un ordre inverse de celui du bassin de Paris, et émit l'idée que les dépôts qui vont nous occuper n'étaient que des débris renversés des roches parisiennes, arrachés par des dénudations quaternaires. M. Desnoyers vint, en 1824, explorer le pays, voulant avoir raison de cette prétendue anomalie, et c'est alors qu'il réunit les éléments de son « Étude sur les terrains tertiaires du Cotentin », qui parut à peu près en même temps que le mémoire de M. de Caumont, intitulé : « Explication de la carte géologique de la Manche. »

Nous ne rechercherons pas si l'un des mémoires a devancé l'autre : ce sont, à nos yeux, deux travaux originaux excellents, deux modèles, écrits à deux points de vue différents et qui, pour l'époque, ont une valeur fort remarquable. Comme il arrive fréquemment pour les régions qu'on suppose bien connues, le tertiaire du Cotentin fut après cela longtemps oublié. A diverses reprises, cependant, quelques explorateurs ont, de loin en loin, publié de petites notes sur des observations faites en hâte en traversant cet intéressant pays ; mais nous n'avons rien de spécial à signaler avant le mémoire de M. Bonnissent, intitulé : « Essai sur la géologie du département de la Manche » (Cherbourg, 1870). Ce mémoire, fruit de vingt ans de courses incessantes, et portant principalement sur les terrains de transition qui couvrent presque toute la surface de ce département, est malheureusement fort bref sur le tertiaire que l'auteur n'a pas réussi à introduire parmi les connaissances classiques; les méthodes scrupuleuses modernes n'y sont point employées, les indications stratigraphiques peu précises et les déterminations paléontologiques insuffisantes; nombre de faits sont consignés et bien observés, mais ils ne sont point présentés avec ordre; ils ne sont surtout ni assez multipliés, ni assez mûris, et nous ne saurions dire combien nous regrettons que d'aussi grands efforts, d'aussi excellentes intentions aient été aussi peu fructueuses. Il restait donc une lacune à combler; il restait à rassembler les faits connus anciens et nouveaux et à en opérer la liaison, à adopter les classifications générales partout en usage, à établir des listes précises des fossiles rencontrés, à donner la vie, en un mot, à nos dépôts tertiaires si intéressants et si variés. Telles sont les raisons qui nous ont conduits à rédiger et à publier le présent travail.

M. du Hérissier de Gerville s'est occupé toute sa vie de sciences naturelles; il a parcouru en tous sens le département de la Manche qu'il habitait et en a recueilli des produits de toute nature; il était, en un mot, collectionneur, mais collectionneur intelligent; aussi, par ses indications verbales, a-t-il beaucoup contribué au succès des recherches de MM. Desnoyers et de Caumont. Conchyologiste éminent (1), il avait envoyé à M. Defrance, à Paris, les plus curieux spécimens de sa collection, qui furent décrits dans le grand

(1) Voyez Mémoires, t. III, Société Linnéenne de Normandie. Liste des mollusques de la Manche.

dictionnaire des sciences naturelles, publié par les professeurs du Jardin des Plantes.

M. de Gerville ne croyait pas à la paléontologie stratigraphique ; il ne croyait pas qu'on pût dire que tel terrain était antérieur ou postérieur à tel autre, en raison de leurs faunes respectives, ce que rendent en quelque sorte explicable l'extrême variété et le bouleversement des assises qu'il avait sous les yeux ; il ne pouvait croire que les fossiles fussent différents en raison de leur âge successif ; pour lui, comme ses notes en font foi, les terrains étaient disposés sur le globe comme les cases irrégulières d'un damier, par le fait de la volonté divine. Ne doit-on pas, d'après cela, lui savoir un gré tout particulier d'avoir toujours recueilli ses échantillons sur place, avec un soin scrupuleux, comme d'avoir noté le banc qui les renfermait et la localité exacte de leur provenance. M. de Gerville avait distingué douze couches fossilifères dans la Manche, qu'il désignait par leur fossile le plus caractéristique ; il y avait le calcaire à Baculites, le falun à cérites, comme le calcaire à gryphites et à orthocéras, etc., enfin une lettre comme B, C, etc., indiquait en abrégé chaque assise.

Le nombre des spécimens de sa collection, leur conservation, étaient également remarquables, et quel que soit le scepticisme paléontologique de M. de Gerville, il faut, avec M. d'Archiac (1), rendre justice à ce travailleur infatigable, à cet esprit patient et aimable que beaucoup ont pu apprécier. M. de Gerville avait légué sa collection à M. Jacques Niollet, son domestique, devenu son collaborateur et son ami, et lorsque celui-ci vint à mourir, cette belle collection fut proposée à la ville de Cherbourg, qui ne se décida à l'ac-

(1) *Introduction à l'Étude de la Paléontologie stratigraphique*, t. I, p. 362. Paris, 1864.

quérir qu'après que M. Seemann, de Paris, en eût enlevé une notable partie des échantillons les plus intéressants, échantillons qui se trouvent aujourd'hui dispersés dans les collections publiques parisiennes, comme dans bien des collections privées et où, isolés, ils sont malheureusement comme perdus.

Nous avons maintenant à comparer attentivement l'étude faite simultanément, il y a aujourd'hui cinquante ans, par MM. Desnoyers et de Caumont. Les auteurs ont vu les mêmes faits, sinon toujours ensemble, du moins dans le même temps. Ils ont visité les mêmes carrières, étudié les mêmes coupes d'un œil absolument différent, quoique les divisions et les appréciations fondamentales soient les mêmes.

L'étude de M. de Caumont, comme son programme l'indiquait, est surtout locale, positive, minutieuse, descriptive; les coupes rapportées respirent l'exactitude, chaque petit détail est noté avec soin, les particularités géographiques développées et les déductions stratigraphiques logiques; aussi avons-nous pu lui faire de nombreux emprunts.

M. Desnoyers a fait une œuvre de maître dans un autre genre; les grandes idées dominent dans son savant travail; le terrain, sobrement peint et largement esquissé, est comparé aux formations lointaines d'une façon continuellement heureuse; les exemples explicatifs étrangers abondent, l'étude minutieuse du sol disparaît: c'est de la grande géologie; l'auteur ne décrit pas, il raconte et il prouve.

Qu'on comprenne bien les deux méthodes : celle de M. Desnoyers, plus saisissante et nécessaire à cette époque, avait une plus haute importance au moment de son apparition; celle de M. de Caumont, plus terre à terre, a une importance constante, indéfinie, car elle renferme les faits positifs: c'est une œuvre plus durable.

On s'étonnera peut-être qu'après deux mémoires tels que
ceux dont nous venons de faire l'éloge, nous ayons repris le
même travail ; mais il faut savoir que la science a considérablement marché depuis lors, que les méthodes ont aug-
menté de précision, que la subdivision des terrains a semblé
de plus en plus nécessaire, que la zoologie a fait faire
d'immenses progrès à la paléontologie. Aussi, nous espérons
qu'une lecture attentive de notre étude montrera ce que
cinquante ans de progrès généraux peuvent faire sur un
point particulier, qui a été lui-même une ancienne étape
de progrès ; il est du reste bien évident que les travaux de
cette nature sont à refaire périodiquement ; nous sommes
sûrs que nos successeurs, mieux armés, pourront faire
mieux que nous encore, doutant seulement qu'ils puissent
apprécier notre étude autant que nous prisons l'œuvre de
nos devanciers.

DESCRIPTION GÉOGRAPHIQUE.

Les terrains qui font l'objet de ce mémoire se montrent
dans la région Nord-Ouest de la France, à la base de la
presqu'île du Cotentin, dans la partie la plus occidentale de
la Basse-Normandie. C'est une région plate, verdoyante, qui
est bornée en grand au Sud-Est par la Vire, au Sud et à
l'Ouest par des coteaux constitués par les terrains de transition inférieurs qui forment le squelette de la presqu'île, au
Nord par des collines subordonnées moins anciennes, au
Nord-Est enfin par la mer de la Manche.

Cette étendue de pays est arrosée par la Douve, qui coule
du Nord au Sud de Magneville jusqu'au-delà de St-Sauveur
et reçoit, dans cet intervalle, les eaux de la Saudre, près
de Néhou. Au-delà de St-Sauveur et de Rauville-la-Place,
et jusqu'à la mer, le cours de la Douve se dirige sensible-

ment vers l'Est, et cette rivière a pour affluents, près de Beuzeville-la-Bastille, le Merderet, dont les eaux viennent du Nord, et plus près de son embouchure, la Taute et la Sève, dont le cours Sud-Nord tout opposé est presque parallèle à celui de la Vire. Enfin, quelques ruisseaux sans importance recueillent les eaux de la partie que nous désignerons plus loin sous le nom de plateau d'Orglandes, et se jettent tant dans le Merderet que dans la Douve. Ce sont : à l'Est le ruisseau de Croslay, près d'Orglandes ; au Sud les cours d'eau de Pont-l'Abbé et de Rauville-Crosville ; à l'Ouest et près de Ste-Colombe, les courants de la Croix-Felage et du Pont-Onfroy.

La région que nous venons de circonscrire est constituée tant par des plaines très-basses, marécageuses, à peine au niveau des plus hautes mers, qui occupent les vallées de la Douve, du Merderet et servent de pâturages communaux, que par des coteaux peu élevés, dont l'altitude ne dépasse pas 20 à 30 mètres, qui sont généralement cultivés en prés, clos de haies vives et de fossés difficilement franchissables. Dans cet espace, la pente du sol est douce, les différences de niveau sont à peine appréciables et le relief du terrain prête peu aux vues d'ensemble ; les carrières sont très-clair-semées et les voies de communication commencent, seulement depuis quelques années, à s'y améliorer et à s'y multiplier.

Le bassin général crétacéo-tertiaire, tel que nous venons de le circonscrire et qui occupe administrativement une partie des arrondissements de St-Lo et de Valognes, peut être très-naturellement divisé en deux régions distinctes ; l'une située au Nord, de beaucoup la plus importante et qui est celle dont nous donnons la carte, l'autre reléguée au Sud, entre Carentan et Périers, arrosée par la Sève et la Taute qui la limitent grossièrement, et constituée par des formations beaucoup plus récentes que la région du Nord. Le bassin du

Sud serait même totalement distinct de celui qu'arrosent la Douve et le Merderet, si nous n'étions convaincus que la dénudation seule l'en a séparé en faisant disparaître, tantôt d'un côté, tantôt d'un autre, quelque membre de la série.

Nous indiquerons, dans le cours de notre travail, les localités du bassin du Midi qui ont conservé des dépôts tertiaires dans leurs dépressions. Le trait caratéristique de cette région, que nous n'aurions pu comprendre sur notre carte, sans en augmenter démesurément l'étendue, c'est sa subdivision en deux sous-bassins séparés assez exactement par la route de Carentan à Périers. On trouve à l'Ouest de cette route un falun blanc, tandis que l'on ne rencontre à l'Est qu'un sable ferrugineux, sans qu'il ait été possible d'établir stratigraphiquement jusqu'ici lequel de ces deux dépôts est supérieur à l'autre.

Le bassin du Nord, dont l'importance est infiniment plus considérable et qui présente des formations bien plus nombreuses et plus anciennes a la forme grossière d'un quadrilatère dont la Douve constituerait les lisières Sud et Ouest, le Merderet la limite Est, et qu'une ligne imaginaire allant de Golleville à Fresville bornerait au Nord. — Plus de vingt grandes formations distinctes sont renfermées dans cet espace, de moins de cent kilomètres carrés, à peine supérieur à celui de la ville de Paris et assurément de moindre étendue que le département de la Seine. Nous n'insisterons pas longoement sur les particularités de relief que notre carte et nos coupes feront plus aisément saisir; bornons-nous à dire que la région centrale de ce quadrilatère, que nous désignons sous le nom de plateau d'Orglandes, et qui est recouverte d'une épaisse couche de limon, est occupée par des landes et des marais à une altitude de 30 mètres en moyenne.

Les affleurements des dépôts crétacés et tertiaires se voient principalement sur le versant des coteaux, ou au penchant des marais de la Douve, de la Saudre et du Merderet. Ils apparaissent pourtant à une cote plus élevée, sur la lisière septentrionale du plateau d'Orglandes, par suite d'un relèvement semi-circulaire et sont adossés au Nord contre des formations plus anciennes, pour disparaître au Sud sous le limon du plateau.

Le pays est abordable par trois stations du chemin de fer de Paris à Cherbourg ; Valognes, au Nord, d'où un service régulier par voitures conduit à St-Sauveur ; — Chef-du-Pont, au Sud, qui correspond avec St-Sauveur-le-Vicomte et Pont-l'Abbé ; — et, dans l'intervalle, Montebourg (gare du Ham), d'où il est facile de gagner à pied Fresville, Orglandes, ce qui multiplie sensiblement les points d'attaque. Si les localités d'Hauteville, Gourbesville, Orglandes, Rauville, Néhou ne présentent que de misérables ressources, les trois stations, ainsi que Pont-l'Abbé et St-Sauveur, peuvent fournir des gîtes suffisants.

Formations composant le sous-sol des terrains crétacés tertiaires du Cotentin.

Secondaire	Oolithe inférieure		zone à Ammonites Parkinsoni.
			» » Murchisonæ.
	Lias		lias supérieur, calcaire gris à Ammonites opalinus et insignis.
			lias moyen, calcaire marneux à bélemnites.
			» inférieur, » à gryphées arquées.
			infra-lias, calcaire gréseux de Valognes à mytilus.
	Dias	Trias	argiles et sables rouges.
			conglomérat calcaire.
			grès et marne rouges.
		Permien	calcaire magnésien.
			grès rouge avec poudingue.
			Houiller, Grès houiller, houille.

Primaire.	Carbonifère, calcaire marin de Montmartin-sur-Mer (p' mémoire).	
	Dévonien (moyen).	grauwacke à spirifers. calcaire à orthoceras et fossiles variés. schistes et grès à grammysia.
	Silurien (sup' et moy.)	schistes à Cardiola interrupta. grès à Orthis redux. schistes à Calymene Tristani. grès à Scolithus linearis.
	Cambrien	poudingues et grauwackes. schistes maclifères.
Primitif	Cristallin	taleschistes, micaschistes, gneiss. granit.

Nous venons de donner le tableau des formations anciennes sur lesquelles reposent le Tertiaire et le Crétacé. Nous ne le présentons, bien entendu, que sous toutes réserves, car il renferme un certain nombre de faits que nous n'avons pas été à même de contrôler.

Ce qu'il importe de savoir d'avance, c'est que presque tous les dépôts supérieurs au dévonien sont horizontaux, qu'ils sont, comme l'ont très-bien constaté les anciens auteurs, *adossés* les uns aux autres et comme déposés horizontalement dans des ravinements de roches plus anciennes, auxquelles ils ne succèdent jamais régulièrement. Aucun grand accident n'a bouleversé la Manche depuis l'époque du terrain carbonifère, et tous les changements observés peuvent être sûrement attribués à des soulèvements ou des affaissements lents et généraux du pays, et surtout à d'immenses dénudations. Les dépôts houillers-permiens-triasiques ont les premiers comblé les plis des roches anciennes ; aussi le massif tertiaire d'Orglandes comme l'ilot de Néhou sont-ils limités presque partout par le Trias, qui forme le soubassement le plus général du tertiaire et du crétacé ; le Lias n'existe que dans l'Est du bassin, ce qui donne à croire que la région Ouest était alors émergée. Quant aux dépôts qui font l'objet de ce mémoire, ils sont très-bien échelonnés dans la vallée du Merderet, où leur pente générale est accusée vers l'Ouest. Nul doute que le lambeau de calcaire à Baculites qui forme le bord externe avec son cordon de grès vert à Chef-du-Pont, ne se prolongeât à Cauquigny et, constituant un golfe au Nord-Est, ne vînt passer à Fresville et au hameau Beauvais (Gourbesville). La même formation touchant Orglandes se dirigeait ensuite par Biniville sur Golleville, remontait la vallée de la Douve, formait un golfe Nord-Est à Néhou, s'infléchissait brusquement sur Ste-Colombe et par le plateau gagnait les fosses de Reigneville. L'îlot de Rauville, qui continue si bien le précédent, termine la liste des témoins qui forment la limite générale externe du golfe. Le manteau énorme de quaternaire du plateau d'Orglandes recouvre-t-il le calcaire à Baculites et les autres formations plus récentes ? Nous l'ignorons, aucun sondage n'ayant traversé les 20 mètres de dépôts superficiels de la grande plaine, mais nous pensons qu'il n'en est rien et qu'il existe une ceinture Sud de calcaire à Baculites limitant, sous le plateau d'Orglandes, les dépôts tertiaires et crétacés à peu de distance de ce qui nous est connu. Nous n'en avons comme preuve que la présence d'un lambeau de craie à Baculites à Crosville, qu'on pourrait considérer, à la rigueur, comme étant seulement l'indice d'un ancien golfe de Rauville ; mais cette idée, présentée déjà par les anciens auteurs, se déduit assez bien de l'allure du Lias et du Trias à La Bonneville et à Amfreville et du voisinage du grès Silurien à Rauville et à Varanguebec. Quoi qu'il en soit, la ceinture interne de terrain argileux marin, que nous avons découverte, indique parfaitement l'espace occupé par le calcaire grossier et semble clore le bassin. D'après l'étude des dépôts que nous venons de faire, la mer a dû forcément avoir un niveau relativement assez élevé et déposer dans des dépressions du Trias, résultant de ravinements antérieurs périodiques, les formations que nous rencontrons et qui, ainsi situées, se trouvaient protégées contre les courants sous-marins nivelant le reste du sol. Nous donnerons aux conclusions l'ordre chronologique détaillé des événements par lesquels a passé la région que nous étudions avant d'arriver à son état actuel.

Un massif de Lias de 10 kilomètres sépare le bassin du Nord de celui du Midi, qui, beaucoup plus simple, ne renferme qu'un sous-sol triasique, très-raviné, supportant des témoins des terrains Miocène et Pliocène, nivelés et rasés par le Diluvium recouvert lui-même d'un limon très-épais.

La ceinture extérieure de ce bassin est formée par le Trias; la ceinture interne, au niveau des marais et de la mer, est constituée par une marne d'une faune tout à fait récente et qui ne semble, en dernière analyse, qu'une station quaternaire de la même mer apparaissant au Grand-Vey, dans le golfe de la Vire.

Si nous n'avons pas décrit plus minutieusement le terrain du sous-sol, c'est que nous ne pouvions songer à reprendre l'étude excellente et si étendue des terrains anciens du Cotentin de M. Paul Dalimier; d'autre part, les terrains Houillers, Permiens et Triasiques ont fait récemment l'objet d'un mémoire détaillé de l'un de nous; enfin, les terrains jurassiques sont bien connus; ils ont été longuement décrits dans un mémoire de M. Deslongchamps, et ne sont dans le Cotentin que le prolongement extrême de ceux du Calvados.

Au contraire, les terrains crétacés et tertiaires ont une unité propre; ils sont sans liaison continue avec des formations d'autres départements voisins; ils constituent à eux seuls une masse limitée, close même, très-importante au point de vue de la géographie des anciennes mers et trop intime pour pouvoir être l'objet de mémoires séparés. La variété surprenante, unique peut-être, des couches dans une étendue géographique ainsi restreinte, l'abondance extrême des débris organiques et leur degré de conservation, tout en un mot montre la nécessité d'un travail spécial et l'intérêt exceptionnel qu'une semblable étude peut présenter.

Tableau des couches crétacées et tertiaires du Cotentin.

Terrain moderne.			14. Marais, dunes, plages.
» quaternaire.			13. Limon supérieur, terre à briques.
			12. Diluvium de cailloux roulés.
			11. Limon ancien, sables rouges et argiles vertes.
Terrain tertiaire.	Pliocène	supérieur	10. Marnes à Nassa du Bosq-d'Aubigny.
		moyen	9. Conglomérat ferrugineux à térébratules de St-André.
	Miocène	supérieur	8. Falun jaunâtre à Bryozoaires de Picauville.
		moyen 7.	Calcaire meulière à potamides de Gourbesville.
			Marnes à Bithinies et Lignites de Néhou.
		inférieur	6. Argile noire à corbules de Rauville.
	Eocène (moyen)	calcaire grossier à milioles 5	d. Calcaire à nodules et géodes.
			c. Calcaire à Echinocyamus et anomia.
			b. Calcaire grossier d'Hauteville.
			a. Calcaire sableux à Modiola Gervillei.
			4. Calcaire sableux à Orbitolites de Fresville.
			3. Calcaire noduleux à échinides d'Orglandes.
Terrain crétacé.	Sénonien inférieur.		2. Craie à Baculites.
	Cénomanien. . . .		1. Grès vert à Orbitolines.

DIVISION GÉNÉRALE DES TERRAINS.

Nous venons de donner la nomenclature des terrains du

Cotentin, au nombre de dix-huit, que nous allons décrire
en suivant l'ordre ascensionnel, c'est-à-dire en passant des
plus anciens aux plus modernes. Nous signalons d'abord une
première grande division : les deux couches inférieures
appartiennent au terrain dit crétacé, les douze suivantes,
aux formations tertiaires. Ces deux terrains sont moins distincts dans la Manche que partout ailleurs, et nous ne
devons pas nous étonner que les anciens géologues les y
aient confondus. Nous les pouvons distinguer aujourd'hui :
1° par leur faune absolument différente ; — 2° par leur
composition minéralogique ; — 3° par une discordance
stratigraphique indiquée par un ravinement, un lit de
galets ou des perforations de mollusques lithophages ; —
4° par une distribution géographique un peu différente ; —
5° par une lacune importante, celle de tout l'éocène inférieur constatée par la comparaison du calcaire à Baculites et
de la craie, du calcaire noduleux avec le calcaire grossier
parisien.

A défaut de ces raisons importantes, nous pourrions enfin
alléguer l'usage qui fait souvent placer une limite d'âge, une
séparation de période entre deux formations très-voisines,
quand, dans des localités types éloignées, mais bien connues,
un grand phénomène a déterminé l'emplacement d'une large
division.

CHAPITRE Ier.

TERRAIN CRÉTACÉ.

—

(Terrain secondaire supérieur.)

Les couches du Cotentin, que nous rapportons au terrain crétacé, forment un ensemble très-bien limité, dont on peut suivre les affleurements sur les bords externes du bassin. Séparées à la base des terrains jurassiques par une lacune stratigraphique et paléontologique considérable, car elles reposent le plus souvent sur le Lias; elles prennent fin à la partie supérieure par le fait d'un changement minéralogique accompagné d'un renouvellement complet de la faune. Tout l'Éocène inférieur faisant défaut, une lacune stratigraphique considérable vient encore s'ajouter aux autres motifs qui nous font placer une limite de premier ordre entre le calcaire à Baculites et le calcaire noduleux.

Nous subdivisons notre terrain crétacé en deux masses d'inégale puissance qui sont caractérisées : 1° par un changement d'étendue géographique ; 2° par une modification minéralogique ; 3° par l'apparition d'une nouvelle faune (aucune espèce n'est commune aux deux couches, malgré

nos listes déjà considérables et qui sont cependant encore
bien au-dessous des richesses réelles de notre bassin) ;
4° par une lacune stratigraphique correspondant au dépôt
de la craie marneuse et de la craie blanche inférieure dans
d'autres parties du bassin anglo-parisien.

Ces deux niveaux sont :

Le supérieur : Crétacé supérieur. — Sénonien supérieur.
— Calcaire à Baculites.

L'inférieur : Crétacé moyen. — Cénomanien. — Grès vert
à Orbitolines.

GRÈS VERT A ORBITOLINES.

CRAIE CHLORITÉE, CRAIE GLAUCONIEUSE (Auct.). — GRÈS DU MAINE
(Hébert, Triger). — CÉNOMANIEN, D'ORBIGNY (partie supérieure). —
GRÈS ET SABLES VERTS (Bonnissent, de Caumont, Desnoyers).

Les couches du grès vert de la Manche sont peu puissantes ; MM. de Caumont et Desnoyers qui, les premiers,
les ont bien distinguées, leur attribuent 1 ou 2 mètres
d'épaisseur ; nous croyons pouvoir leur donner plus exactement de 4 à 5 mètres. Mais leurs caractères sont si nets,
leur stratification est si précise qu'elles forment un horizon
parfaitement défini et surtout intéressant au point de vue de
l'ancienne distribution des mers.

Stratification. — Le grès vert repose sur le Lias à Chef-
du-Pont et à Fresville, sur le grès Silurien à Rauville-la-
Place, etc. Il supporte presque uniformément la craie à
Baculites ; cependant, au hameau Beauvais (Gourbesville),

le calcaire grossier à *Orbitolites complanata* lui est directement superposé. Ainsi, nettement isolé à la base par une lacune géologique considérable (1), il l'est, non moins bien, au sommet, selon nous, par la silicification, qui, postérieure à son dépôt, est antérieure à la formation du calcaire à Baculites, comme le prouvent les galets de grès vert siliceux qui abondent dans le poudingue inférieur de la formation suivante.

Sa faune est entièrement distincte de celle du calcaire à Baculites et, comme sa composition et son étendue géographique diffèrent elles-mêmes, son individualisme est des mieux démontrés.

Composition minéralogique. — Le grès vert du Cotentin est, malgré la variété de ses aspects, toujours facilement reconnaissable à ses grains de glauconie, accompagnés de lamelles fines de mica blanc et de grains de quartz. Parfois sableux et entièrement vert (château de la Lande-sur-Fresville), il passe à l'état de roche en bancs solides par l'apparition d'un ciment calcaire. Il est alors fossilifère (Chef-du-Pont, Cauquigny) ; enfin, la roche elle-même peut devenir massive et très-dure par l'effet d'une silicification postérieure suivant les strates, silicification certainement due au transport par l'eau d'une grande quantité de silice, venant de masses sableuses supérieures, aujourd'hui disparues. Les rognons de calcédoine stratifiés, abondants surtout dans les couches inférieures, attestent l'intensité du phénomène ;

(1) M. de Gerville dit que les bancs supérieurs du lias sont perforés par des mollusques au contact du grès vert à Fresville, à Gourbesville (Port-Bréhay, abreuvoir Franchomme), à Amfréville (Cauquigny).

les fossiles sont alors rares et le plus souvent méconnaissables
(Cussy , gare de Chef-du-Pont).

Étendue géographique. — Le grès à Orbitolines apparaît
par lambeaux dans la vallée du Merderet , visible tantôt à
droite, tantôt à gauche, depuis Chef-du-Pont jusqu'à Gourbesville, c'est-à-dire sur une ligne Nord-Sud de 8 kilomètres
qui a une largeur de 3,500 mètres au plus. Aucun lambeau
ne se montrant sur plus de 2 à 300 mètres de longueur,
nous aurions été portés à croire que cette formation ne
s'étendait pas à l'Ouest sous le plateau tertiaire d'Orglandes ,
si nous ne l'avions retrouvée à Rauville , dans sa situation
normale, sous la craie à Baculites.

M. Bonnissent signale (1) encore avec détail la craie verte
à Ste-Mère-Église , sur le calcaire oolithique ; mais les grès
indiqués que nous avons ramassés en cet endroit ne sont pas
assez bien caractérisés pour que nous nous prononcions à
leur égard ; peu nombreux , du reste , ils sont extrêmement
altérés , caverneux , sans fossiles et gisants à la base du
diluvium.

Fossiles. — Les débris organiques que nous avons recueillis dans le grès vert sont peu abondants , mais ils sont
caractéristiques ; ce sont (2) :

(1) *Essai géologique sur le département de la Manche*, p. 313.
(2) M. Bonnissent cite dans la Manche , à ce niveau :

     L'*Ammonites Rhothomagensis ;*
       »   *varians.*

Nous croyons qu'il y a eu erreur et que ces espèces n'ont pas été
trouvées dans le département ; leur gangue , qui est tout à fait semblable à la craie de Rouen , est une roche qui nous est inconnue dans
le Cotentin.

Serpula Sp. ?

Turritella Sp. ?

Inoceramus (fragments).

Janira quinquecostata Sow.

Ostrea colomba Desh. { Var. *minor*, très-abondante.
{ Var. *minima*, id.

Rhynchonella Lamarkiana d'Orbigny (jeune).

    Id. Sp. ? (peut-être *Rhynchonella alata* Geinitz).

Orbitolina concava (1) Lamk. Sp. (1816) (*Orbitolites petasus* Def.).

Cette faune est celle des grès du Maine, du cénomanien d'Orbigny, de la partie supérieure de l'*Upper green sand*, comme l'a fort bien dit M. Desnoyers, dès 1825.

(1) Quelques mots sont nécessaires sur ce dernier fossile, c'est l'*Orbitolites concavus* de Lamark, absolument semblable au type de Ballon (Sarthe), comme nous nous en sommes assurés par un examen microscopique attentif. Conforme aux figures de Michelin, *Iconographie zoophytologique*, pl. IV, fig. 5, et de Carpenter, fig. 3, p. 232, ce genre Orbitolites a été démembré par Alcide d'Orbigny, qui a distingué :

1° Les espèces planes : type *Orbitolites complanata*, genre Orbitolites ;

2° Les espèces bi-convexes : type *Orbitolites media*, genre Orbitoïdes ;

3° Les espèces concavo-convexes : type *Orbitolites concava*, genre Orbitolina.

M. Carpenter adoptant, dans son travail de révision sur les Foraminifères, une autre méthode, rétablit un genre ancien de Denys de Montfort, le genre Patellina, pour le type des concavo-convexes, qu'il confond aussi avec le genre Cyclolina de d'Orbigny ; mais c'est là un changement inutile, le type Orbitolina étant bon et M. d'Archiac ayant démontré que le genre Cyclolina lui-même était bien fondé (*Bulletin de la Société géologique de France*, 1868, p. 376).

Synchronisme. — Nos dépôts de la Manche sont la con-
continuation de ceux de la Sarthe, et nous pouvons en
suivre le raccordement d'une façon intéressante. A partir
du Merlerault, le cénomanien de l'Ouest se bifurque en
deux parties : l'une, montant vers Vimoutiers et Lisieux,
va en s'amincissant vers l'Est, jusqu'à Elbeuf (Hébert),
tandis qu'une autre ligne de témoins prend la direction Nord-
Ouest par Argentan jusqu'à Montabard, point à partir duquel
il n'est plus possible de signaler que des lambeaux isolés,
tels que celui de Plessis-Grimoult, à 8 kilomètres d'Aunay
(Calvados) (1).

Si, d'un autre côté, nous observons, avec M. de Caumont (2),
qu'on trouve fréquemment à la base du limon, dans les environs de Bayeux, des galets de grès vert, et que M. Bonnissent
a signalé à Grandcamp, près de l'embouchure de la Vire,
des blocs du même âge (3), nous pouvons affirmer, à défaut
de preuves paléontologiques, que nous sommes dans le
Cotentin en présence de dépôts littoraux de la mer Cénomanienne, de la zone des grès du Maine.

DESCRIPTIONS LOCALES. — *Chef-du-Pont.* — Nous connaissons le grès vert sur plusieurs points de cette commune.
1° Dans la tranchée du chemin de fer, à 500 mètres environ
au nord de la station, on rencontre sur le Lias des bancs
irréguliers d'un grès fort dur, très-silicifié, glauconieux,
micacé, un peu ferrugineux ; il est visible sur 50 mètres

(1) Voir note A.

(2) Topographie géognostique du Calvados.

(3) Peut-être, faudrait-il rapporter aussi à ce niveau le lambeau d
grès vert micacé signalé par M. Dufresnoy à Montmartin-en-Graignes,
près Carentan, et que nous n'avons pu retrouver.

environ, présente 1 mètre 50 centimètres d'épaisseur et se trouve recouvert par le diluvium et le limon terreux, qui ont environ 1 mètre en cet endroit. 2° Dans le village, on peut reconnaître en divers endroits, notamment au fond de la carrière du calcaire à Baculites, qui est à 300 mètres Sud-Ouest de la gare, l'affleurement d'un grès vert calcareux avec de très-nombreuses *Orbitolines* et *Ostrea*, etc. Puis plus au Nord, dans divers fossés, des dalles en place d'un grès très-micacé, caverneux, glauconieux, qui ont motivé le figuré que nous donnons sur notre carte.

Amfreville. — A la croisière de la route du marais, à l'endroit nommé Cauquigny, on constate la présence du grès vert sous le limon sableux, à peu de distance du lias. Ce grès calcaire est d'un blanc verdâtre, solide, bien fossilifère ; visible sur les talus des fossés de la route, au seuil du chemin qui mène à la ferme de Brix et jusque dans cette ferme ; c'est une bande brisée qui est peut-être plus étendue encore que nous ne l'avons figurée et sur laquelle repose un lambeau de calcaire à Baculites.

Fresville. — I. Au hameau de Cussy, dans le chemin qui, du marais, monte à l'église de Fresville, nous avons pu voir, reposant sur le lias à *Ostrea arcuata*, le grès durci, ferrugineux, silicifié, avec *Ostrea colomba*, var. *minima*.

A peu de distance de là et plus au Sud-Ouest, le grès vert apparaissait sous le calcaire à Baculites, dans une grande carrière, dont M. de Caumont nous a conservé la coupe suivante :

1° Terre végétale . . . . 1^{m},20^{c}
2° Traces de calcaire grossier. . . . . 0^{m},15^{c}

Craie à (3° Calcaire compacte à Baculites. . . 0^m,40^c
Baculites (4° Marne graveleuse à thécidées. . . 0^m,60^c
Grès vert. 5° Calcaire chlorité, visible sur . . . 0^m,30^c

II. *La Lande.* — Dans un jardin , à 4 ou 5 mètres au-dessus du marais , le sable vert a été constaté par un puits qui avait traversé quelques bancs de calcaire à Baculites ; enfin , à 300 mètres environ à droite de la route montant vers la cour apparaît un sable très-vert , fin , micacé , peu endurci , sans fossiles.

Gourbesville. — Hameau Beauvais. — Une petite carrière, dite carrière Franchomme , nous a fourni la coupe suivante :

1° Limon épais. . . . , ... 2^m
2° Sable à *Orbitolites complanata* (éocène). . 4^m
3° Grès vert dur , tabulaire , visible sur. . . 0^m,60^c

La craie à Baculites et le calcaire noduleux font défaut.

Ce lambeau de Gourbesville se voit en plusieurs points en montant du hameau vers le village. A Port-Bréhay, M. de Gerville a constaté que des mollusques perforants du grès vert avaient attaqué les couches du Lias.

Rauville-la-Place. — A 500 mètres de l'église , dans le chemin creux du hameau de la rue de Tourville , nous avons vu le grès vert , ayant environ 1 mètre d'épaisseur , à 100 mètres à peu près d'un abreuvoir ouvert dans le calcaire à Baculites , et semblant par un effet de dénudation comme supérieur à ce dépôt. 400 mètres plus loin , un puits creusé à La Brumannerie nous a fourni des échantillons de contact du sable vert avec la craie fossilifère à Baculites.

Crosville. — Signalons au Quesnay une carrière, à peu de distance de la route de Pont-l'Abbé, où le grès vert a été atteint sous le calcaire à Baculites exploité, comme quelques pierres éparses semblent l'indiquer.

Néhou. — Nous n'avons vu aucune trace du grès vert dans cette commune. M. de Gerville dit bien avoir trouvé une orbitolite avec le calcaire à Baculites dans la carrière de la Mare-Chapey, mais le renseignement est trop incomplet pour que nous ayons cru devoir figurer sur la carte ce niveau, que nous n'avons pu retrouver.

CALCAIRE A BACULITES.

—

CRAIE JAUNE, CRAIE SUPÉRIEURE A BACULITES (Auct.). — SÉNONIEN SUPÉRIEUR (d'Orbigny).

Le calcaire à Baculites, dont nous avons maintenant à nous occuper, a été très-nettement séparé des assises Eocènes par les recherches de MM. Desnoyers et de Caumont, vers 1825 ; mais c'est à M. de Gerville (1817) qu'est due son appellation, fort juste d'ailleurs et tirée d'un de ses fossiles les plus caractéristiques. D'une épaisseur que nous ne croyons pas devoir excéder 20 mètres, il sert de base d'une façon à peu près uniforme à toutes les couches tertiaires que nous décrirons plus loin ; plus ou moins facilement visible suivant l'épaisseur du limon, il constitue d'une manière générale la bordure extérieure du bassin qui fait l'objet de notre étude.

Stratification. — La craie à Baculites commence presque

partout par un niveau de cailloux roulés, appartenant au
Silurien (remaniés ou non du trias), au Lias et au Grès vert
silicifié ; ce lit peut avoir de 10 à 15 cent. d'épaisseur,
rarement de 30 à 40 cent. ; il renferme alors des cailloux
anguleux de quartz. Les couches, généralement horizontales,
sont comme adossées aux formations qui les supportent et
qui sont :

Le Grès vert, à Chef-du-Pont, Fresville, etc. ;

Le Lias, à Orglandes, où, suivant M. de Caumont, les
deux calcaires sont si pénétrés l'un par l'autre qu'ils semblent constituer une formation continue ;

Le Trias, à la ferme de Matz (Golleville), et aux fosses de
La Bonneville ;

Les schistes dévoniens, à Ste-Colombe.

La masse même est composée de bancs alternatifs de
calcaire jaune ou blanchâtre plus ou moins dur et de calcaire
sableux, désagrégé, à l'état de falun ; ces bancs sont très-
variables dans leur nombre et leur situation. La partie supérieure est généralement formée d'un banc épais extrêmement dur, silicifié, peu fossilifère, qui présente au contact
du tertiaire : soit une ligne simple et nette sans pénétration,
comme à Fresville, soit un enchevêtrement singulier, une
pénétration continue, profonde, sans qu'il soit possible
souvent de bien distinguer les deux assises, comme à Orglandes ; dans ce cas, le calcaire noduleux, base de l'Éocène,
prend aussi parfois un aspect compact et endurci. A Rauville
et probablement à Néhou, c'est le calcaire à milioles qui
surmonte la craie, les assises inférieures du calcaire grossier
venant à manquer.

Composition minéralogique. — Le calcaire à Baculites est
facilement reconnaissable à sa couleur blanche ou d'un jaune

café au lait très-pâle ; généralement sableux, il garde presque toujours en quelques points , alors qu'il devient compact , un aspect granuleux caractéristique. Il est intimement formé d'un précipité de carbonate de chaux grenu plus ou moins cimenté. A l'état de tuffeau , il renferme énormément de fossiles dont le test a ordinairement disparu. Parmi les fossiles à test conservé , il faut citer en particulier les Bryozoaires et les Brachiopodes.

Dans le calcaire dur, les fossiles sont des moules, le plus souvent des Brachiopodes et des Céphalopodes.

Extension géographique. — Le calcaire à Baculites est connu sur les communes suivantes : Chef-du-Pont, Picauville, Fresville, Orglandes, Reigneville, Golleville. — Il occupe une place importante dans la vallée du Merderet et sous le plateau d'Orglandes ; mais il est débordé en ce point par le tertiaire éocène ; de sorte que la jonction des couches de la bande Est avec le massif central, entre Port-Bréhay (Gourbesville) et le château de Croslay (Orglandes), n'est pas visible sur 4 kilomètres environ.

Le calcaire crétacé disparaît encore à l'Ouest d'Orglandes, et les lambeaux reconnus prennent au-delà deux directions :

L'une à l'Ouest qui, par le plateau de la ferme du Matz, où les témoins sont nombreux à la base du diluvium, gagne Néhou par le Quesnay et Ste-Colombe.

L'autre, au Sud, qui, par Reigneville et Crosville, atteint Rauville-la-Place.

Enfin, nous devons dire que M. Bonnissent a trouvé des nodules silicieux fossilifères de la craie dans toute la partie Est du Cotentin, notamment à Bricquebec, Négreville, Valognes, Ste-Marie-du-Mont, St-Germain-de-Varangueville, Foucarville, Ste-Mère-Église, Carquebut ; puis à Périers,

Alleaume, Bosq-d'Aubigny, St-Sauveur-Lendelin, Beuzeville-sur-Vey, toujours sur le penchant Est des roches anciennes, semblant marquer ainsi les limites plus étendues de l'ancien golfe crétacé.

Tous ces détails se trouvent soigneusement notés dans l'*Essai d'une description géologique du département de la Manche*, p. 382 et suivantes.

Il n'est pas inutile d'ajouter que, la nature de la faune indiquant une mer d'au moins 60 à 80 mètres de profondeur, le calcaire à baculites du Cotentin devait nécessairement occuper autrefois une surface beaucoup plus étendue encore que celle que ses témoins demeurés aujourd'hui permettent d'indiquer.

Abréviations du Tableau suivant :

C. Chef-du-Pont.
F. Fresville.
S. Ste-Colombe.
G. Le Quesnay-de-Golleville.
B. Les fosses de La Bonneville.
N. Néhou.
C. C. Commun partout.
Sp. ? Espèce indéterminée.

Les renseignements relatifs à la distribution des animaux nous ont été fournis par les travaux suivants et par nos propres recherches :

Dewalque. — *Prodrome d'une description géologique de la Belgique. Annales de la Société malacologique de Belgique*, années 1872-73-74. — MM. Cornet, Briard, Houzeau, Thiélens.
Hébert. — *Mémoires de la Société géologique de France*, 2ᵉ série, t. V.

FOSSILES DU CALCAIR[E]

	NOMS.	AUTE[URS]
Reptiles.	Mesosaurus Camperi.	H. de
Poissons.	Corax pristodontus.	Ag.
	Lamna acuminata.	»
Crustacés.	Brachyurus rugosus.	Sch.
	? pinces.	
	Scalpellum sp. ?	
	Cythere reniformis.	Bosq.
Annelides.	Serpula , 3 esp. ind.	
	Ditrupa filiformis.	N. sp
Céphalopodes.	Belemnitella mucronata.	d'Orb
	Baculites anceps.	Lamk
	Hamites cylindraceus.	d'Orb
	Scaphites constrictus.	»
	Nautilus Dekayi.	Mont.
	» n. sp. ?	
	Ammonites Gollevillensis.	d'Orb
	» Lafreynayanus.	»
	» verneulianus.	»
Gastéropodes.	Fusus sp. ? (empreinte).	
	Rostellaria sp. ?	
	Trochus Ligeriensis.	»
	» sp. ?	
Dimyaires.	Clavagella Ligeriensis.	»
	Corbula sp. ?	
	? Nucula.	
	Cyprina (Grande espèce).	
	Venus (stries ondulées).	
	Mactra sp. ?	

ULITES DU COTENTIN.

LITÉS.	MAESTRICH.	CIPLY.	MEUDON.	OBSERVATIONS.
	+	+		Collection Bonissent.
	‡	+	‡	Coll. Hébert, Coll. du Muséum.
		+		Coll. Hébert-Faxoë.
	‡			
rs-Hébert	‡	‡	+	Nous ne l'avons jamais rencontrée. Très-abondante.
auville	‡			
				Coll. Bonissent. Pal. Franc. Terr. Crét. Id, Id.
ille.				Forme tertiaire.
				Espèce de Tours.
				Belle empreinte.
				Belle espèce.

	NOMS.	AUTE
Dimyaires.	Crassatella Normaniana.	d'Orb
	Cardita sp. ?	
	Cardium Faujasii ?	Desm
	»	
	Trigonia echinata.	d'Orb
	Diceras Valloniensis.	Def.
	Pectunculus Marrotianus.	d'Orb
	Arca sp. ?	
	» sp. ?	
	Limopsis n. sp.	
	Autres moules très-nombreux et variés.	
Mononyaires.	Lima sp. ?	
	Avicula sp. ?	
	» cœrurescens.	Nill.
	Pinna sp. ?	
	Lithodomus sp. ?	
	Gervilia aviculoïdes.	Sov.
	Janira quadricostata.	d'Orb
	Pecten sp. !	
	Inoceramus Cuvieri.	Lamk
	» impressus.	Gold.
	Spondylus spinosus.	Desh.
	Ostrea lateralis.	Nill.
	» sulcata.	Blum
	» vesicularis.	Lamk
	» auricularis ?	Nill.
	» sp. ?	
Brachiopodes.	Rhynchonella octoplicata.	d'Orb
	Terebratulina Faujasii ?	»
	Trigonosemus recurvirostris.	Def.
	» elegans.	d'Orb
	» sp. ?	
	Thecidium papillatum.	Bronn
	Megathiris cuneiformis.	d'Orb
	Crania antiqua.	Def.
	» costata.	Sow.
	» Ignabergiensis.	d'Orb

LOCALITÉS.	MAESTRICH.	GIPLY.	MEUDON.	OBSERVATIONS.
				Collection A. d'Orbigny.
				Royan.
				Empreinte très-belle.
				Royan.
				Monopleura (coll. Hébert).
				Coll. d'Orbiguy.
				Forme tertiaire.
				A. pullastroïdes n. sp.
				Voisine de L. Carolina d'Orb.
				Grande espèce.
	+	+		Espèce géante de 15 centimètres.
				G. solenoïdes Def.
	+	+	+	Voisin de P. orbicularis Sow.
		+	+	
		+	+	Coll. Bonnissent.
	+	+	+	
	?	+	+	O. flabelliformis Nill.
	+	+	+	
		+	+	Voisine de T. chrysalis.
				Thecidea de Gerv.
		+		
	+	+	+	Coll. d'Orbigny.
		+		Pal. française.
	+	+	7	

	NOMS.	AUT
Echinodermes.	Peltastes heliophorus.	Cott.
	Salnia Bourgeoisi.	»
	Cidaris leptacantha.	Agass
	» minuta.	Des.
	» sp. ?	
	Temnocidaris Baylii.	Cott.
	» Danica.	Dés.
	Cyphosoma granulosum.	Gei.
	» Bonnissenti.	Cott.
	Echinocorys vulgaris.	Bey.
	Hemiaster prunella.	Des.
	» punctatus.	d'Orb
	» Neustriæ.	Desor
	Rhynchonopygus Marminii.	d'Orb
	Cassidulus Lapis-cancri.	Lamk
	Caratomus avellana.	Agass
	Echinobrissus minimus.	d'Orb
	Oolopygus Orbignii.	Cott.
Crinoïdes.	Pentacrinus Agassisi.	De H
	Bourguetticrinus ellipticus.	d'Orb
	» æqualis.	»
	Pentagonaster quinquelobus.	Gold.
	» sp. ?	
Bryozoaires (1) cheilostomata.	Cellaria cactiformis.	d'Orb
	Quadricellaria elegans.	»
	» filiformis.	»
	Planicellaria oculata.	»
	» fenestrata.	»
	Vincularia sculpta.	»
	» oculata.	»
	» canaliculata.	»
	» flexuosa.	»
	» trabecula.	»
	» labiatula.	»
	» transversa.	»
	» longicella.	»

(1) Voyez surtout *Paléontologie française*, terrain crétacé, tome V,

LITÉS.	MAESTRICHT.	CIPLY.	MEUDON.	OBSERVATIONS.
	+			Collection Bonnissent. Id.
andes ?				Paléontologie française.
ndes.	+	+		Id.
ebecq	+	+	+	Coll. Bonnissent. Dans le diluvium. — Coll. Bonnissent,
	+	+		Coll. Bonnissent et d'Orbigny. ?
	+	+		Pal. française. Id. Nucleolites. Cor-avium. Coll. Bonnissent.
	+	+	+	
	+	+	+	Espéce ponctuée.
			+	Royan. Touraine. La même que Q. pulchella ? T.-r. Identiques ? t.-r. Peut-être Eocènes. Tours. » » Rare. St-Germain. Spéciale. V. sculpta var. ? Charentes.

igny (Bryozoaires).

	NOMS.	AUTE...
Cheilostomata.	Vincularia concinna,	d'Orb...
	» lepida.	»
	» Parisiensis.	»
	» rugosa.	»
	» bisinuata.	»
	» rimula.	»
	» quadrangularis.	»
	» despecta.	»
	» verticillata.	»
	Vincularina tuberculata.	»
	Eschara Acasta.	»
	» Ægea.	»
	» Antiopa.	»
	» Arethusa.	»
	» Argia.	»
	» Argyrias.	»
	» Arsinœ.	»
	» Arthemis.	»
	» Archosia.	»
	» Aspasia.	»
	» Athulia.	»
	» Bellona.	»
	» Bixa.	»
	» Blandina.	»
	» Bolina.	»
	» Bonasia.	»
	» Cæcilia.	»
	» Callirhoë.	»
	» Calypso.	»
	» Cepha.	»
	» Claudia.	»
	» Cybele.	»
	» Cypræa.	»
	» Diana.	»
	» Lamarkii.	de Ha...
	» Echo.	d'Orb...
	» Edusa	»
	» Egæa.	»

...ITÉS.	MAESTRICHT.	CIPLY.	MEUDON.	OBSERVATIONS.
				Villedieu.
				Très-voisin du V. Bourgeoisi.
				Spéciale.
			+	
			+	Très-commune.
				Id.
				Touraine.
				Rare.
	++	+	+	Variété de l'espèce précédente ?
. N.				
. .		+		
				Eschara ?
		?		Royan.
				»
				»
			+	Commune en Touraine.
				Tours.
				»
		++		Rare.
	+	++		Rare.

	NOMS.	AUTE[URS.]
Cheilostomata.	Eschara Elea.	d'Orb
	» sp. ?	»
	Escharinella simplex.	»
	Lunulites cretacea.	Def.
	» tuberculata.	d'Orb
	» regularis.	»
	» petaloïdes.	»
	» rosacea.	»
	» subconica.	»
	Reptolunulites angulosa.	
	Pavolunulites elegans.	Beiss.
	Stichopora clypeata.	de Ha[st]
	Semieschara grandis.	d'Orb
	» Meudonensis.	»
	» simplex.	»
	» ringens.	»
	» excavata.	»
	Cellepora Parisiensis.	»
	» Clio. ?	»
	» Xenobia.	»
	» Xanthe.	»
	Semiescharinella complanata.	»
	Reptescharellina transversa.	»
	Porina filograna.	Gold.
	» angustata.	d'Orb
	Semiescharellina mumia.	»
	Reptescharellina marginata.	»
	Escharifora argus.	»
	» crassa.	»
	» n. sp. ?	
	» flabellata.	»
	Escharipora pentapora.	»
	» regularis.	»
	» prolifica.	»
	» pretiosa.	»
	» striata.	»
	» inornata.	»
	» mumia.	»

...LITÉS.	MAESTRICH.	CIPLY.	MEUDON.	OBSERVATIONS.
	+	+		
			+	Craie à Thecidea.
				Voisin de L. Goldfusii. Touraine.
				Loir-et-Cher.
				Touraine.
				» Fécamp.
	+	+	+	Royan.
	+	+	+	Voisine de S. arborea, cylindrica. Très-répandue.
	+		+	
			+	Joué (Indre-et-Loire).
				Touraine.
			+	Très-répandue (Repteschara n. g.).
	+	+	+	Fécamp. Id.
				Id.
				Touraine (Mollia ?).
	+	+	+	Espèce très-variable.
			+	Royan.
				Spéciale.
		+		La même espèce que la précédente ?
				Vendôme.
				Rare.
				Id.
				Voisine de E. magnifica.

	NOMS.	AUTEURS.
Cheilostomata.	Reptescharella pygmæa.	d'Orb.
	» flablellata.	»
	Reptoporella regularis.	»
	Semiescharipora dentata.	»
	» munia.	»
	» rustica.	»
	» brevis.	»
	Steginopora ornata.	»
	» aculeata.	»
	Biflustra rustica.	»
	» despecta.	»
	» divergens.	»
	» pulchella.	»
	» flexuosa	»
	» limbata.	»
	» Meudonensis.	»
	» aperta.	»
	» fenestrella.	»
	» tesseliata.	»
	Flustrella irregularis.	»
	» convexa.	»
	» baculina.	»
	» simplex.	»
	» cryptella.	»
	» terminalis.	»
	» marginata.	»
	Flustrina pentagona	»
	» baculina.	»
	» ornata.	»
	» oculata.	»
	Discoflustullaria clypeiformis.	»
	» doma.	»
	Lateroflustrellaria hexagona.	»
	Flustrellaria irregularis.	»
	» Franquana.	»
	» dentata.	»
	» pustulosa.	»
	» costata.	»

SUITES.	MAESTRICHT.	CIPLY.	MEUDON.	OBSERVATIONS.
				Touraine.
			+	Rare.
				La même espèce ?
			+	Perignac.
			+	Rare.
			+	Pons.
			+	Touraine.
			+	Rare.
				Vendôme. Saintes.
				Rare.
				Royan.
			+	Royan.
			+	Fécamp.
			+	Pons.

	NOMS.	AUTE[URS.]
Cheilostomata.	Flustellaria incrassata.	d'Or[b.]
	» forata.	»
	» profunda.	»
	Membranipora Ligeriensis.	»
	» Normaniana.	»
	» Cypris.	»
	» Francquana.	»
	» concatenata.	»
	» Calypso.	»
	Semifluctulla ovalis.	»
	» limbata.	»
	» rhomboïdalis.	»
	» ornata.	»
	» Leda.	»
	Reptoflustrellaria simplex.	»
Cyclostomata.	Nodelea angulosa.	»
	Multelea magnifica.	»
	Fasciculipora incrassata.	»
	Cyrtopora elegans.	de Ha[uteville]
	Peripora Ligeriensis.	d'Orb.
	Spiropora antiqua.	Def.
	Tubigera antiqua.	»
	Idmonea lata.	d'Orb.
	» ramosa.	»
	» subgracilis.	»
	» pseudo-disticha.	de Ha[uteville]
	» excavata.	d'Orb.
	» communis.	»
	» sp. ?	
	Semitubigera lamellosa.	»
	Reptotubigera serpens.	»
	» elevata.	»
	Unitubigera papyracea.	»
	Actinopora diademoïdes.	»
	Entalopora raripora.	»
	» subgracilis.	»
	» subregularis.	»

...TÉS.	MAESTRICH.	GIFLY.	MEUDON.	OBSERVATIONS.
				Touraine.
				Royan.
			+	Touraine.
				» Fécamp.
		+	+	» »
			+	Très-répandue.
	+	+	+	Id.
				Fécamp. Royan.
				Fécamp.
			+	Touraine.
	+	+	+	Très-répandue.
	+	+	+	Espèce très-répandue.
	+	+	+	Espèce très-variable.
			+	Espèce très-répandue.
				Turonien.
	+	+		Royan.
	+	+	+	Vendôme.
	+	+	+	Très-répandue.
	+		+	Id.
	+	+	+	Id.
	+			Fécamp. Tours. Saintes.
			+	Id.
			+	Pons.
		+	+	
	+	+	+	Pustulipora virgula de Hag.
			+	Très-répandue.
	+		+	Id.

	NOMS.	AUT[...]
Cyclostomata.	Entalopora brevissima ?	d'Or[...]
	Bidiastopora cultata.	»
	» rustica.	»
	Mesenteripora compressa.	»
	Filisparsa alternata.	»
	Diastopora tubulus.	»
	» papyracea.	»
	Proboscina alternata.	»
	Berenicia echinata.	»
	Spiroclausa spiralis.	Gold[...]
	Clausa obliqua.	d'Or[...]
	Reticulipora Ligeriensis.	»
	» papyracea.	»
	» obliqua.	»
	Filicrisina verticillata.	»
	Crisina Normaniana.	»
	» triangularis.	»
	Semicellaria n. sp.	
	Reteporidea Royana.	»
	» ramosa.	»
	» depressa.	»
	Cavea costata.	»
	Sparsicavea Carentiana.	»
	Bicavea dilatata.	»
	Discocavea irregularis.	»
	Radiocavea diadema.	»
	» elliptica.	»
	Unicava collis.	»
	Multicava lateralis.	»
	Domopora cochloïdea.	De B[...]
	Reptocea recta.	d'Or[...]
	Laterocava rustica.	»
	Retecava clathrata.	Gold[...]
	Ceriopora digitalis.	d'Or[...]
	» tuberculata.	»
	Truncatula carinata.	»
	» tetragona ?	»
	Supercystis digitata.	»

LOCALITÉS.	MAESTRICH.	CIPLY.	MEUDON.	OBSERVATIONS.
				Tours.
				Tubeschara n. g. (Houzeau).
				Id.
	+	+	+	Joué.
			+	Touraine.
	+	+	+	Très-répandue.
			+	Id.
				Plusieurs espèces à réunir.
				Fécamp. Touraine.
	+			Royan.
			+	Très-répandue.
			+	Touraine. Royan.
				Fécamp. Châteaudon.
				Très-répandue.
	+	+	+	Pons.
				Fécamp.
		+	+	Touraine. Charente.
			+	Royan.
			+	Id.
				Fécamp.
		+		An dichotoma var. ?
				Fécamp.
			+	Touraine.
	+	+		
			+	Saintes. Villedieu.
			+	Touraine.
	+	+		
	+	+	+	Retepora.
				Semimulticava d'Orb.
			+	Très-répandue.
				Cénomanien.
			+	Touraine. Fécamp.

	NOMS.	AUT
Cyclostomata.	Heteropora tenera.	de t
	» sp. ?	
	Semicrescis tubulosa.	d'O
	Multicrescis laxata.	»
Polypiers.	Caryophyllia cylindracæa.	Ed.
Spongiaires.	Amorphospongia globularis.	Gol
	Manon (Jerea) sp. ?	
	Spicules de plusieurs grandes espèces.	
	Verticillites Goldfusii.	d'O
Foraminifères.	Cristellaria n. sp.	d'O
	Spirulina grandis.	
	Textularia trochus.	»
	Globigerina cretacea.	»

...LITÉS.	MAESTRICHT.	CIPL.Y.	MEUDON.	OBSERVATIONS.
...	+			
...				Royan. La même espèce que la précédente ?
...K.	?			Craie blanche.
...	+	+	+	Alcyonium globulosum Def.
...	+	+	+	Coll. de Gerville.
...	+	+	+	
		+	+	

En résumé, nous connaissons dans le calcaire à Baculites au moins 300 espèces, sans penser que nous en ayons épuisé la faune, et sur lesquelles nous en avons déterminé 268.

Sur ces 268 espèces déterminées :

79 espèces sont communes avec Meudon (près Paris) ;
61 — — avec Ciply (Hainaut) ;
62 — — avec Maëstricht.

Notre horizon le plus voisin semble donc Meudon, au point de vue paléontologique pur ; mais si nous éliminons de notre calcul les Bryozoaires, encore insuffisamment étudiés, la proportion se renverse, et c'est avec Ciply que notre dépôt a le plus d'affinités. C'est, du reste, à ce dernier dépôt que nous assimilons le calcaire à Baculites, considérant dans une faune, comme plus importante, la valeur d'un groupe d'animaux supérieurs communs, que la diffusion d'une foule même d'animaux inférieurs.

On remarquera l'abondance des Bryozoaires, qui sont admirablement conservés dans les parties à l'état de falun. De plus, il ressort de notre enquête sur l'origine des espèces que les fosses de La Bonneville présentent spécialement des Brachiopodes, tandis que Fresville et Golleville renferment surtout des Céphalopodes ; Ste-Colombe, Néhou, Chef-du-Pont sont plus riches en Bryozoaires ; enfin, les Gastéropodes et les Lamellibranches, n'existant plus qu'à l'état de moules, ne peuvent donner que des renseignements bien incomplets sur une faune qui devait être aussi abondante que variée.

Synchronisme. — De tous les dépôts crétacés que nous connaissons, c'est à la craie de Ciply (Hainaut) que le calcaire à Baculites ressemble le plus ; il a à peine moins d'affinité avec la craie de Maëstricht, qui est d'un niveau supérieur ; enfin, il se rapproche notablement de la craie de Meudon, à laquelle un certain nombre de géologues l'ont assimilé.

Il est juste d'ajouter que cette assimilation à laquelle nous concluons a déjà été signalée, en 1825, par M. Desnoyers et que nous ne croyons plus les esprits partagés à cet égard, malgré le nombre de points très-restreint sur lesquels puisse être basée la comparaison, en raison de l'immense dénudation qui a précédé, dans nos contrées, l'apparition de la période tertiaire et dispersé les assises crétacées supérieures.

DESCRIPTIONS LOCALES. — *Chef-du-Pont.* — La craie à Baculites de Chef-du-Pont, visible dans le village, à droite de la route qui descend au marais, à 400 mètres environ de la station, dans un champ dont on a baissé le niveau de 1^m,50^c environ, pour élever les routes du marais, comprend à la fois des bancs sableux et solides. Les bancs sableux renferment surtout des Bryozoaires et des Echinides ; les bancs solides des Baculites, des Brachiopodes, des Trigonies, etc. Cette formation s'étend surtout d'une façon importante sous le marais ; on en exploite aujourd'hui les bancs solides, blanchâtres à gauche du pont du Merderet ; elle a été aussi exploitée autrefois, à droite, à quelques centaines de mètres de la carrière ouverte de l'autre côté du Marais, à Port-Filiolet, sur la commune de Picauville.

M. de Caumont a relevé, en 1825, la coupe suivante :

Limon.	1° Terre végétale	0^m,60
Calcaire	2° Calcaire compact à Baculites, assez dur, en plaquettes	1 ,50
à	3° Calcaire incohérent passant au calcaire graveleux avec Bryozoaires. . .	0 ,20
Baculites.	4° Le même mélangé de sable quartzeux.	0 ,20

Grès vert. { 5° Couches de calcaire verdâtre à Orbi-
        tolines. . . . . 0 ,30
      6° Sable vert, visible sur. . . . . 0 ,30
Lias. { 7° Calcaire de Valognes, apparaissant en
        plus de dix endroits à peu de dis-
        tance au Nord et à l'Est.

Nous ne signalerons en particulier aucun fossile de Chef-du-Pont ; car c'est surtout dans les carrières de cette localité que nous avons réuni les matériaux qui nous ont permis de dresser notre liste de fossiles. On verra plus loin que les localités célèbres de Néhou, Ste-Colombe, etc., ne montrent plus rien, en sorte que c'est Chef-du-Pont que nous engageons les collectionneurs à visiter s'ils veulent trouver encore quelque chose.

Amfréville. — Nous figurons sur cette commune, à Cauquigny, un petit ilot de calcaire à Baculites difficile à observer, et dont la place est tout indiquée entre le grès vert à Orbitolines et le calcaire à Milioles, qu'on peut voir à la ferme de Brix.

Picauville. — Le calcaire à Baculites, visible dans le marais de cette commune, n'est que le prolongement de celui de Chef-du-Pont ; mais aux hameaux dits de l'Angle et du Sort, il supporte, sans que le contact soit visible, le falun miocène à Bryozoaires dont nous aurons à parler plus loin. Au Nord, il va s'enfonçant dans un petit vallon sous le hamel des Ais, où il comprend des bancs blanchâtres, à Trigonies, durs et sableux, reposant sur le lias qui forme la croupe que domine la côte 26.

Fresville. — Nous avons relevé la coupe suivante au

hameau Cussy, à droite du chemin qui descend au marais,
dans une carrière assez importante :

A. Limon et diluvium . . . . $1^m,50$

Eocène.
Ravinement :
B. Calcaire sableux à *Orbitolites com-
planata* . . . . 1^m à $1,80$
Ravinement :
C. Calcaire noduleux fossilifère de 60^c à $2,\,\circ\!\!\circ$

**Calcaire
à
Baculites.**
Contact linéaire :
D. Calcaire très-silicieux, très-dur,
presque sans fossiles. . . . . $0,30$
E. Calcaire dur avec bancs sableux al-
ternants . . . . $3,\,\circ\!\!\circ$
F. Calcaire sableux avec petits galets
vers la base . . . . $0,20$

En remontant dans le même chemin, on trouve à peu
de distance le grès vert, comme nous l'avons déjà signalé.

M. Desnoyers donne les détails suivants sur les couches
D, E, F, qu'il a vues dans une autre carrière voisine, aujourd'hui comblée :

4° Silés cornés, pâles, entourés d'un calcaire crayeux (D).

5° Calcaire incohérent, un peu marneux, contenant beaucoup de petits polypiers (Bryozoaires), des Thécidées, des
Cranies, des Nucléolites (*Rhynchonopygus marmini*).

6° Calcaire compact et dur à Baculites.

7° Marne calcaire presque friable (falun).

8° Banc de calcaire compact un peu celluleux.

9° Couche incohérente presque pulvérulente (falun).

10° Banc irrégulièrement endurci.

11° Lit du fond, très-continu, le plus compacte de toute
la carrière.

Mêmes fossiles dans toutes les couches.

Cet ensemble ayant environ de 15 à 20 pieds.

Gourbesville. — Le calcaire à Baculites qui a été rencontré dans un puits du château de la Lande semble disparaître sous Gourbesville, où nous n'en avons vu trace nulle part.

Orglandes. — Dans cette commune, le calcaire à Baculites très-caché n'est plus visible aujourd'hui qu'au fond de la carrière de la ferme de la Hougue, où il se présente sous le calcaire noduleux à l'état de calcaire très-dur, siliceux, compacte, presque sans fossiles, si intimement lié à l'Éocène qu'il est quelquefois difficile d'indiquer exactement sa limite ; il a environ 1 mètre de puissance et sa stratification est horizontale, autant qu'il est possible de l'apprécier.

A 500 mètres à l'est de ce dépôt existait autrefois une carrière dite carrière Prédagnel, dont MM. Desnoyers et de Caumont nous ont conservé la coupe qui indiquait les niveaux ci-après :

Eocène. 1° Calcaire grossier à Pisolites, Oursins, etc. 1m,··
Crétacé. 2° Calcaire compacte à Baculites. . . . . 1 .30
Lias.   3° Calcaire de Valognes.

Le calcaire à Baculites est en contact immédiat avec le Lias, qu'il semble pénétrer tant sa soudure est intime, malgré la lacune du grès vert, et tant il lui est *accolé*, suivant une expression des anciens auteurs. Nous devons ajouter que cette jonction intime du calcaire à Baculites avec le terrain inférieur et supérieur n'est pas un fait général, puisqu'on a vu que, à Fresville, les contacts sont nettement indiqués ; c'est un fait particulier à Orglandes, et qui a été déjà signalé comme spécial par M. Bonnissent.

La Bonneville. — Au lieu dit les Fosses de La Bonneville qui touche au Nord à Reigneville et au Sud à Crosville,
le calcaire à Baculites apparaît, longeant la rive gauche d'une
petite vallée, reposant sur le gravier triasique et surmonté
tantôt par le limon, tantôt par les argiles miocènes, tantôt
par le calcaire noduleux, suivant que le point qu'on observe
est plus ou moins au Sud-Est, chacun de ces dépôts ayant
débordé les précédents.

Dans la carrière où le calcaire crayeux est le mieux visible, il apparaît sous forme de bancs épais, stratifiés, durs,
jaunâtres, renfermant de très-nombreux cailloux, qui sont
pour la plupart remaniés du Trias et varient de la grosseur
d'un petit pois à celle d'une forte pomme. L'épaisseur visible est de 1^m,50. Les fossiles abondent ; on trouve principalement des Brachiopodes : Thécidées, Fissurirostra,
Rhynchonella, Crania et des Lamellibranches.

Rauville-la-Place. — Le calcaire à Baculites qu'on voit
à la rue de Tourville est jaunâtre, dur, et se présente en
bancs stratifiés fossilifères (Scaphites, Baculites, Thecidium)
plongeant au Nord-Ouest ; celui que nous avons vu plus loin,
au Sud-Ouest, à La Brumannerie, sous un très-épais limon
avec diluvium sableux, dans une fouille pratiquée pour un
puits, est exactement semblable. Quelques parties semblent
cependant plus tendres, avec Baculites, Gastéropodes, Ino-
cérames. Aucun auteur n'avait encore signalé ce lambeau à
notre connaissance. Il repose sur le grès silurien ou le Trias
par l'intermédiaire du grès vert et est recouvert, sans que
le contact soit visible, par le calcaire à Milioles.

Crosville. — On a exploité autrefois, sur cette commune, au hameau du Quesnay, dans une carrière aujour-
d'hui comblée, à 50 mètres à peine au sud de la route de

Pont-l'Abbé à St-Sauveur, le calcaire à Baculites ; les anciens auteurs en font foi. On ne trouve plus aujourd'hui que de rares blocs épars sur l'ancien emplacement de la carrière.

Golleville. — 1° Le Matz : la ferme de ce nom est bâtie sur des bancs calcaires, solides, d'un jaune pâle, silicifiés en certains points, avec Baculites et qu'on a dû faire sauter pour creuser un fossé voisin dont les déblais ont servi à édifier des constructions dépendantes. D'après des renseignements que nous devons à M. de La Bretonnière, propriétaire de la ferme de Matz, le calcaire repose sur une très-grande étendue du plateau en bancs démantelés et irréguliers, trop minces pour l'exploitation, sur le gravier triasique. Ce lambeau n'avait pas été indiqué par les anciens auteurs. Il est recouvert par un limon extrêmement épais.

2° Le Quesnay : les couches du Quesnay, exploitées depuis longtemps, à 300 mètres du château, dans une pièce de terre voisine du marais, et visitées par les anciens explorateurs, sont surtout intéressantes par l'abondance et la variété de leurs fossiles (Baculites, Hamites, Scaphites, Echinides, etc.). On ne peut plus voir que des bancs solides, jaunâtres ; mais les bancs sableux ont été indiqués plus bas. Quelques blocs de tertiaire à Milioles se trouvent au contact sous le diluvium. Autant qu'il est permis de le supposer, le calcaire du Quesnay repose sur les schistes dévoniens.

Ste-Colombe. — Le dépôt de craie de l'église de Ste-Colombe se lie aux précédents par le marais sous lequel le crétacé est certainement développé. Apparaissant sur 400 mètres environ, le long de la route allant du pont de la Douve au moulin de la Croix-Fétage, la craie à Baculites de Ste-Colombe est dure et compacte à sa partie supérieure. Les bancs inférieurs, autrefois visibles et qui étaient sableux, ont fourni à Alcide d'Orbigny une grande partie des Bryozoaires qu'il indique dans la craie du Cotentin. Aucune stratification n'est plus apparente. Au sommet, nous n'avons pu trouver aucune trace du calcaire à Milioles qui la surmonte, d'après les anciens auteurs.

Au pont même de Ste-Colombe, la craie repose sur une roche éruptive qui réapparaît aussi au château ; elle nous a semblé être un porphyre feldspathique ou trapp, et elle a soulevé le terrain dévonien du voisinage.

Néhou. — Les fosses Meslin : nous n'avons pu rien observer sur ce gisement, malgré toutes nos recherches et tous nos efforts ; les carrières, où le falun à Baculites des anciens auteurs était visible et largement exploité, sont en très-grande partie comblées et toujours si bien recouvertes qu'il n'est plus possible de rien constater relativement à ce niveau.

Nous savons seulement qu'à Néhou, la craie était sableuse, blanchâtre, crayeuse, extrêmement riche en Bryozoaires (A. d'Orbigny), sans bancs solides (de Gerville), et d'un niveau peut-être différent des autres couches crétacées (de Caumont) ; les Thécidées et les Cranies y abondaient également et le calcaire à Milioles la surmontait. D'après la position géographique, nous pensons, sans vouloir toutefois rien préciser d'absolu, que ce dépôt reposait directement sur le Trias en formant une bande orientée Sud-Ouest = Nord-Est.

M. de Gerville a indiqué également la craie à Baculites au lieu dit « la mare Chapey », près du hameau Mulac; mais nous n'avons pu retrouver ce gîte, qui probablement a été entièrement comblé.

CHAPITRE II.

TERRAIN TERTIAIRE.

Nous avons déjà donné la liste des couches tertiaires rencontrées dans la Manche ; nous allons indiquer en peu de mots la raison qui nous les fait diviser tout d'abord en trois grands groupes, à savoir :

$$\text{Tertiaire} \begin{cases} \text{supérieur.} & \text{. . . . . . . Pliocène.} \\ \text{moyen.} & \text{. . . . . . . Miocène.} \\ \text{inférieur.} & \text{. . . . . . . Éocène.} \end{cases}$$

La sédimentation n'a pas été continue dans le Cotentin pendant toute la durée de la période tertiaire ; nous avons à constater de grandes lacunes, c'est-à-dire de longs moments où rien ne s'est déposé ou formé dans nos parages, soit que la mer ne les atteignit pas, soit que toute trace de sa présence ait disparu. Et, par la comparaison de nos dépôts avec ceux des autres contrées, nous pouvons évaluer ce qui nous manque. Nous constatons d'abord que toutes les couches placées entre la craie et le calcaire grossier font défaut ; puis, que la mer des sables de Beauchamp n'a pas pénétré jusqu'au Cotentin. L'Éocène, dès lors, si nos rapprochements sont exacts, est nettement isolé par deux lacunes considérables ; et il n'est pas étonnant qu'il forme ici plus qu'ailleurs un ensemble, un tout parfaitement uni, bien caractérisé et séparé avec netteté des groupes voisins.

Il n'en est pas de même pour le Miocène, dont les horizons composés d'éléments dissemblables sont peu liés et

sur la classification desquels nous reviendrons plus loin ,
avec quelques détails. Malgré son peu d'homogénéité , on
peut dire cependant que , dans la Manche , le Miocène possède le caractère intermédiaire qui lui convient et ne se
confond avec aucune autre grande division ; à la base ,
une lacune considérable , celle des sables de Beauchamp et
du calcaire de St-Ouen, le sépare de l'Eocène, et au sommet,
la présence de deux faunes marines successives , complète-
ment dissemblables , quoique déposées à une profondeur
sensiblement égale , indique une perturbation considérable.

Si la période Pliocène n'a que des rapports médiocres
avec sa base, le Miocène , elle présente, au contraire , dans
toute sa durée une évolution non interrompue vers la faune
contemporaine , dont il n'est guère possible de la distinguer
que par une configuration du sol un peu différente et les
phénomènes généraux de production du limon qui sont intermédiaires.

EOCÈNE.

CALCAIRE GROSSIER DU BASSIN DE PARIS. — EOCÈNE MOYEN (calcaire
  grossier des auteurs). — CALCAIRE GROSSIER A CÉRITES , ETC. (de
  Caumont).

Le groupe Eocène est représenté, dans la Manche , par
des masses calcaires qu'on peut évaluer à 40 mètres dans leur
plus grande épaisseur. Nous y avons distingué trois grandes
divisions répondant à trois périodes bien caractérisées : au
commencement , la faune est essentiellement de rivage ;
pendant la période moyenne, nous constatons un grand fond ;
et pendant la durée supérieure , une formation côtière réapparaît. L'Eocène de la Manche est , pour nous , composé de

deux périodes littorales séparées par une formation profonde, comme suit :

$$
\text{Calcaire grossier}
\begin{cases}
\text{supérieur,} & \cdot & \text{Calcaire grossier à Milioles.} \\
\text{moyen,} & \cdot \quad \cdot & \text{Calcaire sableux à Orbitolites.} \\
\text{inférieur} & \cdot \quad \cdot & \text{Calcaire noduleux à Echinides.}
\end{cases}
$$

Nous donnerons plus loin la description minutieuse de chacune de ces divisions et leurs caractères essentiels, ainsi que la discussion de leur assimilation avec les autres dépôts du grand bassin tertiaire du Nord.

En masse, elles constituent, sans conteste, l'Éocène moyen. Ce dernier, formé essentiellement de roches calcaires où abondent les fossiles, se sépare à la base du calcaire à Baculites par sa faune tout autre et par sa composition minéralogique un peu différente ; au sommet, le changement général est encore plus évident en ce qui concerne la faune, et il est accompagné d'une modification minéralogique complète.

Comme rapprochement entre ses diverses parties, l'Éocène moyen de la Manche présente certains fossiles communs entre les couches pouvant servir de liaison mutuelle continue, la composition minéralogique ne présentant que des modifications secondaires d'un même type calcaire de roches.

CALCAIRE NODULEUX A ECHINIDES.

—

Synchronisme : CALCAIRE A NODULES DU CALCAIRE GROSSIER INFÉRIEUR (Auct.). — CALCAIRE NODULEUX CONCRÉTIONNÉ (Desnoyers). — IIIᵉ Système (pars) (de Caumont).

La puissance des couches que nous qualifions de calcaire noduleux, à l'exemple de nos devanciers, peut être évaluée à 3 mètres environ ; c'est une formation irrégulière, variable, sans stratification, mais constituant à la base des autres couches un horizon immédiatement reconnaissable (1).

Stratification. — Le calcaire noduleux repose sur le calcaire à Baculites dans presque toutes les localités où nous le connaissons ; car ce n'est qu'à la cour de Reigneville que nous le croyons en contact avec le Trias.

La jonction est linéaire à Fresville et très-évidente ; mais, à Orglandes, le calcaire tertiaire semble pénétrer le calcaire à Baculites jusqu'à faire croire, au premier abord, qu'on est en présence d'une formation continue ; nous pensons qu'il s'agit ici d'un accident absolument local. Le contact supérieur avec le calcaire à Orbitolites est très-onduleux et peu net à Orglandes ; mais à Fresville, toute confusion est impossible et un ravinement considérable sépare la partie noduleuse, dure, concrétionnée du calcaire sableux, tendre, à Orbitolites *complanata* qui la surmonte. Sans cette séparation si nette, nous aurions été portés, eu égard à leur faune assez voisine, à réunir les deux couches qui nous occupent.

Composition minéralogique. — Le calcaire noduleux est une assise essentiellement calcaire, formée de nodules amygdaloïdes de carbonate de chaux concrétionné variant de 1 à 30 millimètres de diamètre, à contours arrondis, à section montrant un accroissement concentrique, et joints par un ciment d'un jaune blanchâtre, très-dur, un peu cristallin.

Les nodules ont fréquemment pour origine centrale un petit caillou ou un débris organique ; mais le fait ne nous a pas semblé général ; la surface de la roche est couverte le

(1) M. de Gerville n'a point distingué ce niveau de la craie à Baculites.

plus souvent d'un enduit ferrugineux jaune ou rougeâtre qui donne un aspect caractéristique à l'ensemble ; nous n'avons pas remarqué d'orientation dans la disposition de ces nodules.

Le test des Mollusques a toujours disparu ; il ne reste le plus souvent qu'une empreinte très-rugueuse. Les Echinides sont spathisés, mais les nodules adhèrent si bien à leur surface qu'il est très-difficile de les bien dégager.

La base du calcaire noduleux abonde en cailloux roulés ou anguleux de grès silurien, de grès vert crétacé, de silex de la craie, etc. ; les nodules y sont plus gros ; la partie moyenne est durcie et plus uniforme ; la partie supérieure peut devenir sableuse et tend à se confondre avec le calcaire à Orbitolites.

Étendue géographique. — Le calcaire noduleux est la moins étendue et la moins visible des couches Eocènes. On ne le rencontre qu'à Fresville, Orglandes, Reigneville, La Bonneville ; caché par des couches supérieures qui l'ont débordé, il apparaît, surmontant la craie et intimement lié au calcaire à Orbitolites ; comme pour ce dernier, nous n'en connaissons point de traces dans la vallée de la Douve.

Fossiles. — Nous avons eu grand'peine à établir la liste suivante, à cause de la composition minéralogique du calcaire noduleux, qui ne nous a conservé que des moules. Nous croyons cependant que cette couche devait renfermer un très-grand nombre d'espèces dont une bonne part seraient nouvelles ; nous pouvons citer un grand Pleurotomaria, Hipponix, Harpa, des Gastéropodes et des Bivalves variés. Le calcaire à Orbitolites présentant, à Croslay, presque le même aspect que le calcaire noduleux et ayant pénétré les fentes de ce même calcaire à Orglandes, il faut mettre absolument de côté tout fossile qui n'est pas pris en place dans la roche même et accorder des soins tout particuliers aux listes de cette assise.

Nous évaluons la profondeur sous laquelle s'est déposé le calcaire noduleux à 20 mètres au plus.

La consolidation par incrustation du calcaire noduleux est évidemment postérieure à son dépôt ; elle est due à d'abondantes sources calcaires, qui ont atteint à certains endroits le calcaire à Orbitolites ; mais nous ne saurions préciser le moment où cette consolidation a eu lieu.

Sur 41 espèces que nous considérons, nous avons cru pouvoir en déterminer 16 spécifiquement, sur lesquelles 10 sont communes aux deux localités principales, Fresville et Orglandes, et 8 se retrouvent dans le calcaire à Orbitolites. Mais il est à remarquer que cette faune, riche en Gastéropodes et en Lamellibranches, pauvre en Bryozoaires et en Foraminifères, s'éloigne par cela du calcaire à Orbitolites plus que ne pourrait le faire supposer le nombre relativement grand d'espèces communes.

FOSSILES DU[

	ESPÈCES.	AUT[
Poissons.	Lamna elegans.	Agas[
	Oxyrhina hastalis.	»
Crustacés.	Galenopsis Gervillanus.	Alp. [
Mollusques.	Voluta sp. ?	
	Cassidaria sp. ?	
	Conus sp. ? A.	
	» sp. ? B.	
	Terebellum sopitum.	Brans[
	Cerithium A.	
	» striatum.	Brug[
	Pleurotomaria sp. ?	
	Natica sp. ?	
	» sp. ?	
	» sp. ?	
	Phasianella sp. ?	
	Turbo n. sp.	
	Trochus Gabrielis ?	d'Or[
	Turritella sp. ?	
	Parmophorus sp. ? A.	
	Hipponix sp. ?	
	Venus scobinellata.	Lam[
	Crassatella sp. ?	
	Cardium porulosum ?	Lam[
	Corbis lamellosa.	» [
	Lucina concentrica.	» [
	Pectunculus pulvinatus.	» [
	Arca sp. ?	
	Chama calcarata.	Lam[
	» sp. ?	
	Mytilus sp. ?	
	Lithodome sp. ?	
	Lima sp. ? A.	

NODULEUX.

ORGLANDES.	CALCAIRE A ORBITOLITES.	OBSERVATIONS.
+		
+		Hist. Nat. Crust., pl. 20, fig. 30.
		Moule.
		C. Carinata Lamk.?
+		Moule.
+	+	Id.
+		Moule.
+		
+		Grande et belle espèce.
+		Grosse espèce.
		N. acuminata ? Moule.
		N. sigaretina ?
		Moule.
		Très-remarquable.
+		
+		Moule.
		»
	?	Support.
+	+	Grand moule.
		Empreinte et moule.
+	+	Id.
+	+	
+		Grand moule.
+		Empreinte.
		»
+		Moule.
+		Id.
+	+	Id.

	ESPÈCES.		AUT
Echinides.	Pygorrhynchus Desnoyersei.		Des.
	» sp. ? A.		
	Echinolampas Francii.		Des.
	Periaster sp. A.		
Bryozoaires.	Idmonea coronopus ?	*	Def.
	Eschara sp. ?		
	Lichenopora turbinata.		Def.
	Pustulopora gracilis.		Edw
Foraminifères.	Rotalia sp. A.		
	Triloculina trigonula.		Lam

ORGLANDES.	CALCAIRE À ORBITO-LITES.	OBSERVATIONS.
	+	P. Grigoniensis an eadem sp. ? Espèce assez élevée.
+		Espèce nouvelle ?
+	+	Altérée par l'incrustation. Unique, très-altérée.
+	+	Entalopora d'Orb.
+	+	Assez rare.

Descriptions locales. — *Fresville*. — Nous avons constaté la présence du calcaire noduleux en deux endroits, sur le coteau de Veauville, qui, à 700 mètres Sud-Ouest de l'église de Fresville, domine le marais : 1° dans une petite carrière placée assez haut, on distingue :

1° Limon		1^m,»»
2° Blocs isolés de calcaire à Milioles		0 ,20
3° Calcaire sableux à Orbitolites.		2 ,»»
4°	Ravinement :	
5° Calcaire noduleux visible sur.		1 ,50

2° dans une grande carrière vers Cussy, dont nous avons précédemment donné la coupe, carrière située en contre-bas de la précédente et où l'on voit le contact du calcaire à Baculites avec le calcaire noduleux. Ce contact est linéaire et le calcaire noduleux débute par un poudingue qui renferme des galets de grès siliceux, de craie verte et de calcaire à Baculites fossilifère. On trouve aussi à ce niveau des dents de squales et des oursins.

Orglandes. — 1° *Le Calais*, à 500 mètres de la ferme et à 200 mètres à droite de la route qui mène au haut d'Orglandes, à 300 mètres à peine d'un gisement de Lias, une ancienne carrière dont il ne reste plus aujourd'hui que quelques buttes et déblais, a montré nettement le calcaire noduleux ; on en peut ramasser encore aujourd'hui des fragments reconnaissables, remplis de pisolithes énormes, parfois de 4 à 5 centimètres.

2° *Carrière Piedagnel*, à 500 mètres Sud-Est de l'église d'Orglandes. Le calcaire n'est plus visible, mais nous avons donné précédemment la coupe de ce gîte que M. de Caumont nous a conservée ; c'est, du reste, la continuation immédiate de la carrière de La Hougue.

3° *Carrière de La Hougue.* Nous pensons qu'on peut donner comme suit la coupe de la carrière de la ferme de La Hougue, que nous avons vue plusieurs fois, et qui est celle qui présente la stratification la moins nette de toutes celles que nous avons observées :

1° Limon non sableux . . . . 0^m,60
2° Argile verte ou brune avec coquilles remaniées,
     appartenant au calcaire à Milioles. Elle remplit
     les fentes des deux assises suivantes. . . . 0 ,40
3° Calcaire sableux, pisolithique, rosé, à bryozoaires,
     crustacés, souvent un peu durci, rares orbito-
     lites, quelques nodules. . . . . 0 ,80
4° Calcaire très-noduleux, dur, sec, blanc ou jaune,
     avec bancs fossilifères (Lima) vers le milieu,
     fissuré et lié aux dépôts contigus. . . . . 1 ,»»
5° Calcaire très-siliceux, compact, fissuré, presque
     sans fossiles (calcaire supérieur à Baculites),
     visible sur . . . . 0 ,30

Reigneville. — Dans l'abreuvoir de la ferme de la Cour, on voit le calcaire noduleux qui renferme en cet endroit une très-grande quantité de galets triasiques ; il est donc probable que l'Éocène a ici débordé le calcaire à Baculites, qui n'apparaît que plus au Sud, et que le calcaire-noduleux s'est déposé directement sur le Trias.

Le calcaire à Orbitolites a été exploité dans une carrière à 200 mètres à peine au Nord-Est, ce qui donne au dépôt qui nous occupe 3 à 4 mètres au plus d'épaisseur. Le manque d'exploitation nous empêche de donner des détails plus étendus.

La Bonneville. — Aux fosses, le calcaire noduleux a été exploité conjointement avec la craie sur laquelle il repose ; mais la carrière étant aujourd'hui comblée, il n'est plus possible de constater sa présence que par quelques blocs laissés sur place et qui pavent d'une façon presque continue, en certains endroits, le chemin qui va au marais. Autant que nous avons pu en juger, ce calcaire était très-fossilifère et devait former une excellente pierre à chaux. Nous ajouterons qu'une partie des anciennes exploitations est située sur la commune de Crosville, qui touche en cet endroit, par sa limite Nord, la commune de La Bonneville.

CALCAIRE SABLEUX A ORBITOLITES.

—

FALUN A ORBITOLITES, CALCAIRE GROSSIER MOYEN DE LA MANCHE. —
IIIe Système (pars) (de Gerville).

Le calcaire sableux à *Orbitolites complanata* a environ 6 mètres d'épaisseur à Fresville, localité où il se voit le mieux aujourd'hui. Si cet horizon a été méconnu des anciens géologues, il faut l'attribuer autant à la difficulté qu'on a généralement à l'observer qu'à la variété de ses aspects. C'est, avant tout, un horizon paléontologique dans lequel, malheureusement, le fossile le plus caractéristique n'est pas uniformément distribué.

Stratification. — Le calcaire friable à Orbitolites repose normalement sur le calcaire noduleux qu'il ravine à Fresville, à Orglandes, etc. ; mais il repose aussi, par discordance ou ravinement, sur la craie verte, au hameau Beauvais (Gourbesville), et probablement aussi, plus loin, sur le Lias.

Il est recouvert uniformément par les couches inférieures du calcaire à Milioles, comme on le voit à Port-Bréhay (Gourbesville), à Reigneville, etc. Peut-être, à certains endroits (Croslay), serait-il recouvert directement par des lambeaux d'argile miocène, qui, généralement, a débordé les formations plus anciennes ; mais il est difficile de l'apprécier dans l'état actuel des points visibles.

Ne suivant absolument aucune autre couche voisine et présentant des caractères minéralogiques et paléontologiques distincts, son individualité dans notre bassin est évidente.

Composition minéralogique. — Le calcaire à Orbitolites est d'aspect granuleux ; il ne renferme point de silice, mais le carbonate de chaux y est à l'état grenu, finement anguleux, précipité, sans qu'aucun ciment ou lien en ait ordinairement aggluttiné les fragments.

A Fresville, c'est un falun (pour employer un terme familier aux anciens auteurs) d'un blanc à peine jaunâtre.

A Port-Bréhay, le dépôt est plus jaune, souvent même rougeâtre et plus sableux encore.

A Gourbesville même, nous remarquons un commencement d'agglomération. Si nous dépassons le plateau de Limon pour aller vers Croslay (Orglandes), nous trouvons un aspect absolument différent ; c'est un véritable calcaire aggluttiné, graveleux, renfermant même quelques nodules. Nous comprenons facilement qu'on ait confondu ce faciès avec le calcaire noduleux ; mais la présence de l'*Orbitolites complanata*, ainsi que de quelques autres espèces, nous ont indiqué le vrai niveau de cette carrière.

A Orglandes, le calcaire à Orbitolites ne renferme que de très-rares spécimens de ce fossile ; c'est un sable calcaire un peu pisolithique, rosâtre, très-irrégulier, paraissant même presque constituer un banc du calcaire noduleux rose non agrégé ; la faune est variée en animaux inférieurs.

A Hauteville, à Reigneville, nous retrouvons le faciès du haut de Gourbesville, c'est-à-dire un calcaire grossier, granuleux, un peu aggluliné, jaunâtre, avec nombreuses orbitolites.

Enfin, aux Fosses de La Bonneville, on peut constater le calcaire à Orbitolites jaunâtre et un peu aggluliné dans un chemin qui touche au marais, à côté d'une butte de déblais d'anciennes exploitations des couches inférieures.

Étendue géographique. — Le falun à Orbitolites existe dans la vallée du Merderet, à Fresville et à Port-Bréhay ; il disparaît sous des formations plus récentes entre Gourbesville et le Chef-de-la-Ville d'Orglandes, en dessinant une bande Est-Ouest sur cette commune ; il constitue le soubassement des puissantes assises à Milioles d'Hauteville, formant le fond du golfe Ouest actuel des dépôts du plateau d'Orglandes. Il contourne le calcaire noduleux et disparaît, comme lui, après les fosses de La Bonneville. Nous ne connaissons pas le calcaire à Orbitolites sur les bords de la Douve ; cependant, M. de Gerville a signalé des *Orbitolites complanata* sur la commune de Néhou.

Fossiles. — La faune indique une profondeur bien plus grande que celle sous laquelle s'est déposé le calcaire noduleux ; nous l'évaluons à environ 60 mètres.

Abréviations du tableau suivant.

F. Fresville.
PB. Port-Bréhay, commune de Gourbesville.
C. Croslay, id. d'Orglandes.
O. La Hougue, id. id.
1e Calcaire noduleux.
2e Id. à Milioles.
I. Calcaire grossier inférieur de Paris.
M. Id. id. moyen id.
S. Id. id. supérieur id.
B. Sables moyens dits de Beauchamp.

FOSSILES DU CALC

	ESPÈCES.	AUTE
Crustacés.	Cancer sp. ?	
Entomostracés.	Bairdia subdeltoïda,	Jones
	» subglobosa.	Bosq.
	» lithodomoïdes.	»
	Cythere inornata.	»
	» striato-punctata.	Roëm
	» sp. ?	
Mollusques.	Nautilus sp. ?	
	Cassis cancellata.	Lamk
	Voluta sp. ?	
	Conus sp. ? C.	
	Terebellum sopitum.	Brand
	Oliva sp. ?	
	Cylichna Brugnieri.	Desh.
	Natica cæpacea.	
	» sp. ?	
	Pleurotomaria. B.	
	Trochus sp. ?	
	Delphinula cornu pastoris.	Lamk
	Hipponix sp. ?	
	Parmophorus sp. ? B.	
	Clavagella n. sp. ?	
	Gastrochæna sp. ?	
	Cardita sp. ?	
	Cardium sp. ? B.	
	Crassatella plumbea.	Chem
	Corbis lamellosa.	Lamk
	Lucina concentrica.	»
	» sp. ?	
	Chama lamellosa.	»
	Pectunculus pulvinatus.	»
	Mytilus rimosus.	»

BITOLITES.

	1	2	PARIS.	OBSERVATIONS.
O.		?		Pinces.
O.		+	I. M. S. B.. M. S. Tongrien ?	
			I. M. S.	
			M.	N. Umbilicaris Desh. ?
		?	M.	Moule. Id.
O.	+	+	M. S. B.	
	?	+	Tout l'Éocène. M. B.	Moule. » petite espèce. » très-grande espèce.
	?		M.	Genre Cyclostrema Marry. Coll. Bonnissent. Moule. Très-grand moule. Moule. » » »
	+	+	I. M. S. I. M. S. B.	Genre Fimbria Desh.
	?	+	M. S. B.	Moule.
	+		M. I. M. S. B. M.	

	ESPÈCES.	AU...
Mollusques.	Lima diastropha ?	Des...
	» sp. B.	
	Pecten tripartitus.	Des...
	Ostrea vulsellæformis.	d'A...
Brachiopodes.	Terebratula n. sp.	
	Terebratulina Putoni.	Bau...
	» tenuilineata.	»
	Argiope cornuta.	Des...
Echinides.	Scutellina elliptica.	Ag...
	Echinocyamus pyriformis.	»
	Pygorrinchus Desnoyersei.	Des...
	» n. sp. B.	
	Periaster n. sp. B.	
	Cidaris leptacantha.	Ag...
	Psammechinus sp. ?	
Crinoïdes.	Asteropecten lævis.	Des...
Bryozoaires.	Biflustra n. sp.	
	Filiflustra n. sp.	
	Planicellaria n. sp.	
	? Vincularia fragilis.	Def...
	Escharinella damæcornis.	Mich...
	Eschara flustrinoïdes.	n. s...
	» n. sp.	
	Tubeschara bifurcata.	Des...
	Cellepora sp. ?	
	Conescharinella n. sp.	
	Crisia angulata.	n. s...
	Crisina eocenica.	n. s...
	Idmonea coronopus.	Def...
	» cultata.	d'O...
	» n. sp.	
	Hornera hippolyta.	Def...
	Filisparsa n. sp.	
	Pustulopora gracilis.	Edw...

	1	2	PARIS.	OBSERVATIONS.
	?		M.	Esp. à stries fines et onduleuses.
				La même que A ?
			M.	Esp. très-squammeuse.
				» très-longue et étroite.
				Voisine de T. Beaudoni Desh.
			M.	3 spécimens.
			M.	St-Félix.
			M.	Chaussy.
		?	M.	
	+			
				Moules très-surbaissés.
				Plus petit que A.
O.				
				Fragments et mâchoires.
O.	.		M.	
O.				Tiges rondes, 4 cellules ovales.
O.				Tigelles à 2 cellules longues.
O.				
O.		+	M.	
O.			I. M.	(Eschara).
O.				
				Semieschara d'Orb.
O.			M. B.	(Porina-Bidiastopora , etc.).
				Très-belle espèce.
				Sur Pygorrinchus.
O.	+		M.	Section trigone, libre ou fixée.
				Esp. en lames minces.
				Section ronde et mince.
			M.	
O			M.	(Entalopora d'Orb.).

	ESPÈCES.	AUT...
Bryozoaires.	Lichenopora turbinata.	Def...
	Defrancia crispa.	»
	? Larvaria encrinula.	»
Anthozoaires.	Stylocænia sp. ?	
	Caryophyllia sp. ?	
Foraminifères.	Biloculina bulloïdes.	Lam...
	» ringens.	»
	» id. var.	
	Triloculina trigonula.	»
	» id. var.	
	» angularis.	d'Or...
	» strigillata.	»
	Quinqueloculina striata.	»
	» lævigata.	»
	» sp. ?	»
	Spiroloculina bicarinata.	»
	» depressa.	»
	Fabularia compressa.	»
	Alveolina Boscii.	»
	» elongata.	»
	» sp. ?	
	Orbitolites complanata.	Lam...
	Vertebralina striata.	Carp...
	Peneroplis Gervillei.	d'Or...
	Valvulina pupa.	»
	» columna-tortilis.	»
	» globularis.	»
	Clavulina parisiensis ?	»
	Rotalia Gervillei.	»
	» trochiformis.	Lam...
	» sp. ? A.	

...TÉS.	1	2	PARIS.	OBSERVATIONS.
...1. O.	+	?		
. O.			M.	Tubulipora-Discocavea.
				Foraminifère ?
				Moule.
. O.		·		Fragments incomplets.
. O.			M.	Plusieurs variétés.
		+	M. S.	
				Var. Globosa , espèce distincte ?
. O.	+	+	M. S. B.	
				Gigas . nova sp.
			M. S.	
		?	M. S.	
		+	M. S.	Q. Saxorum ?
D.		+	M.	
. O.		?	M.	
				A. Gigantea var. ?
..L. O.				
				Var. Pavonia.
				dubia.
			M.	
. O.			M.	
. O.		+	M.	Gervillei et deformis. Var.
			M.	
. O.		?		
.. O.		+	M.	
. O.	+			

Nous avons distingué plus de 100 espèces, sur lesquelles nous avons cru pouvoir en déterminer 61 avec certitude ; 10 espèces se trouvent déjà dans le calcaire noduleux et 16 espèces remontent dans le calcaire à Milioles ; mais nous sommes persuadés que la faune de cette assise présenterait un bien plus grand nombre d'espèces communes si nos collections étaient plus étendues.

Comme rapport avec le bassin de Paris, nous remarquons que :

7 espèces se trouvent dans le calcaire grossier inférieur.
42   »   »   »   »   moyen.
14   »   »   »   »   supérieur.

C'est donc avec le calcaire grossier moyen que notre faune a le plus d'affinités. Eu égard à la stratigraphie, qui place le calcaire à Orbitolites sous le calcaire à Milioles, lequel a 170 espèces communes avec le même calcaire grossier moyen de Paris, nous pensons que le calcaire à Orbitolites, dont nous venons de présenter la faune, forme l'horizon inférieur du calcaire grossier moyen.

Le faciès noduleux de Croslay présente 25 espèces, surtout dans les Gastéropodes et les Lamellibranches ; il n'a que 11 espèces communes avec les gîtes sableux du calcaire à Orbitolites ; ce faciès est aussi, par sa faune, très-voisin du calcaire à Milioles. Le faciès sableux renferme partout également : Bryozoaires, Foraminifères et Brachiopodes en abondance.

Descriptions locales. — *Fresville*. — 1° A *Cussy*, nous avons indiqué sa place (assise B) dans la coupe que nous avons donnée précédemment (page 70) de cette localité.

2° A *Veauville*, sur le coteau au Sud des Hauts-Vents, la

puissance du calcaire sableux est à son maximum, depuis le bas du marais, où quelques bancs agglutinés ont été exploités jusqu'au sommet du coteau, où l'on rencontre un lambeau bien caractérisé de calcaire à Milioles, des fouilles à différents niveaux ont partout fait constater sa présence. Peu fossilifère à la base, il renferme quelques bancs très-riches au sommet avec moules de *Lima*, *Fimbria*, *Cytherea*, *Hipponix gigantea*, etc. L'*Orbitolites complanata* est surtout abondante dans cette partie supérieure; les Foraminifères et les Bryozoaires, avec de nombreux débris de crustacés, forment les 3/4 de la masse des faluns vers la base.

3° *La Lande*. Nous avons constaté que le fond du marais, à cet endroit, était formé par le calcaire à Orbitolites.

Gourbesville. — 1° *Port-Bréhay :* sur le bord même de la route, en allant du marais à l'église, nous avons relevé la coupe suivante :

1° Limon et sable remanié à la base (ravinant le n° 2) . . . . $1^m, 00$

2° Calcaire ou sable ferrugineux à *Modiola Gervillei* 0, 60

3° Calcaire arénacé jaunâtre à Orbitolites, visible sur 1, 50

Le contact supérieur avec le calcaire grossier à Milioles et *Modiola Gervillei* est ordinairement linéaire ; cependant il est parfois un peu raviné. Le calcaire à Orbitolites renferme de gros Foraminifères, *Fabularia, Alveolina, Rotalia* et de précieux Brachiopodes.

2° *Beauvais.* — Nous avons donné précédemment (p. 29)

la coupe de cette carrière ; le calcaire à Orbitolites y est blanc ou un peu jaune, ferrugineux et se suit dans des pièces voisines pendant environ 800 mètres, formant une ligne d'affleurement Nord-Est–Sud-Ouest jusqu'au village ; il est toujours recouvert par le limon et le diluvium.

3° *Le Lieu-Hélène.* — À droite du ruisseau, à 600 mètres Sud un peu Ouest de l'église, le calcaire à Orbitolites était visible dans un champ très-ondulé ; nous en avons retrouvé des traces évidentes.

Orglandes. — 1° *Château de Croslay.* — La carrière est située à gauche de la montée de la route qui va du château à Gourbesville. Le calcaire à Orbitolites qui en a été extrait avait un faciès exceptionnel ; un ciment calcaire ayant empâté la matière arénacée qui le formait d'abord, il devenait noduleux, agglutiné, dur, bien fossilifère et se présentait en bancs épais. Très-probablement recouvert par le calcaire grossier à Milioles, il est à peu de distance du Lias qui forme le coteau voisin.

2° *Chef-de-Ville.* — Nous avons retrouvé dans cette région et jusqu'au Pont-au-Lièvre des témoins notables de la formation qui nous occupe.

3° *La Hougue.* — Nous avons donné déjà (p. 71) la coupe détaillée de cette carrière, dans laquelle les Orbitolites sont rares ; le calcaire à Orbitolites y renferme surtout des *Pygorrinchus Desnoyersei*, des Bryozoaires articulés, des *Nautilus* sp. ? des Foraminifères, des Crustacés ; rosée et un peu agglutinée par places, cette formation contient quelques nodules remaniés du calcaire noduleux de la base ; elle est, d'autre part, située immédiatement sous le limon argileux qui contient des fossiles remaniés de la zone inférieure du calcaire à Milioles, c'est-à-dire de la zone à *Modiola Gervillei.* A 350 mètres Sud de l'église d'Orglandes, sur la route de Pont-l'Abbé, notre niveau à Orbitolites est aussi nettement visible ; il supporte le calcaire à Milioles, qui apparaît au fond même du vallon, 200 mètres plus loin vers le midi.

Hauteville. — 1° *Château de la Basse-Cour.* — Le calcaire à Orbitolites était autrefois exploité à 100 mètres à gauche du milieu de l'avenue qui mène au château ; on en trouve encore de nombreux fragments sur le sol ; assez solide, il renfermait énormément de Bryozoaires et de Foraminifères. Peut-être même était-il autrefois visible au fond de la Falunière encore exploitée qui montre le calcaire grossier à Milioles sur 8 mètres d'épaisseur.

2° A 600 mètres Ouest du château, au carrefour des quatre routes, le calcaire à Orbitolites apparaît en tablettes stratifiées, solides, ayant beaucoup de rapport avec les couches inférieures d'Hauteville.

Reigneville. — A l'endroit dit la Cour, à 150 mètres Sud-Est de l'église, une carrière comblée depuis peu montrait la stratification suivante :

1° Limon très-épais ;
2° Argile verte et cailloux roulés ;
3° Calcaire à Milioles à rognons bleuâtres ;
4° Calcaire fragile à Milioles ;
5° Calcaire blanc-jaune à Orbitolites.

Cette dernière assise se prolonge, au Sud, jusqu'aux Fosses de La Bonneville, comme le calcaire noduleux sur lequel elle repose ; nous avons pu le constater exactement au milieu des nombreuses formations de cette localité. Elle est recouverte en grande partie par l'argile noire à *Corbula*, dans un abreuvoir placé au Nord d'un petit mamelon, à 500 mètres à l'Ouest de la ferme des Fosses. Elle est pétrie de Foraminifères, d'un jaune un peu rouillé, tendre et stratifiée. C'est le dernier point Ouest où ce dépôt soit visible à notre connaissance ; car, à Rauville, nous n'en avons pas vu de traces, et à Néhou le calcaire à Milioles semble exister seul.

CALCAIRE GROSSIER A MILIOLES.

CALCAIRE A MILIOLES DU COTENTIN (Auct.). — CALCAIRE GROSSIER MOYEN (Pars) ET CALCAIRE GROSSIER SUPÉRIEUR DE PARIS (Nobis). — Système I et II, de Caumont. — FALUN A CÉRITHES, MARNES A ECHINOCYAMUS (de Gerville).

La division du calcaire grossier à Milioles, la plus importante de celles que nous avons établies dans le calcaire grossier de la Manche, peut avoir une puissance maximum de 20 mètres ; mais la composition en est très-variée, et nous avons cru pouvoir y distinguer les horizons suivants, assez constants, sans avoir cependant l'importance du calcaire noduleux ou du calcaire à Orbitolites :

Zone supérieure.
D. Calcaire marneux irrégulier à nodules ou géodes.
C. Calcaire grossier solide à *Echinocyamus altavillensis*.

Zone inférieure.
B. Calcaire tendre (falun) à fossiles très-variés.
A. Calcaire sableux avec bancs durs, minces, et *Modiola Gervillei*.

La zone inférieure est surtout caractérisée par ses nom-breux fossiles si bien conservés et qui manquent presque totalement plus haut. Les deux horizons A et B sont, à l'égard de la faune, fort voisins ; toutefois, ils se distinguent stratigraphiquement, l'horizon A semblant avoir l'étendue géographique la plus faible. La lacune zoologique entre B et C n'est pas plus forte qu'entre C et D ; mais ces dernières couches sont liées par la stratigraphie.

Les Foraminifères, qui nous font réunir l'ensemble sous le nom de calcaires à Milioles et qui y sont, en effet, très-communs et très-généralement répandus, sont surtout :

Biloculina ringens, — *Quinqueloculina lævigata,*
Triloculina trigonata, — Id. *saxorum,*
et plusieurs espèces indéterminées.

Stratification. — Le calcaire à Milioles repose normale-ment sur le calcaire à Orbitolites à Fresville, Gourbesville, Orglandes, Hauteville, etc. Mais il a débordé de beaucoup ces couches dans un grand nombre de localités : à Rauville (St-Clair), il recouvre le Trias, puis la craie à Baculites ; dans la vallée de la Douve, il surmonte la craie à Ste-Colombe, et les schistes dévoniens, ainsi que la craie, au Quesnay (Golleville) ; à Néhou enfin, autant que nous avons pu en juger, il repose autant sur le Trias que sur la Craie.

Les strates sont horizontales comme pour les autres dé-pôts ; on voit bien qu'il y a eu remplissage des dépressions antérieures par une mer d'un niveau plus élevé.

Le calcaire à Milioles, quand il est complet et non dénudé en partie par le limon, comme cela lui arrive le plus sou-vent, est recouvert : à Gourbesville, par des calcaires et des marnes d'eau douce ; à Orglandes, par des argiles noires marines ; à Hauteville, à La Bonneville, à Rauville, par ces mêmes argiles noires miocènes ; à Néhou, selon M. de Gerville , le banc supérieur était perforé par les pholades des marnes noires à Corbules.

Composition minéralogique. — Le calcaire à Milioles est très-variable de composition ; plus ou moins marneux ou sableux , il forme, surtout dans certains bancs de la partie moyenne (B. C.), une bonne pierre à bâtir ; les coquilles sont alors sans test et dites *calcinées* par les anciens auteurs. La zone supérieure (C. D.) a de grands rapports avec les caillasses du bassin de Paris ; elle renferme des parties noduleuses , géodiques , siliceuses ou argileuses , bleuâtres ou blanchâtres quand la cassure est fraîche , rougies et jaunies par le contact prolongé de l'air.

Étendue géographique. — Peu développé à Fresville , le calcaire à Milioles est très-important à Gourbesville et vers l'Est d'Orglandes ; assez réduit à Orglandes même , il reprend son importance à Hauteville. A la Bonneville , il s'accroît encore ; à Rauville , comme dans la vallée de la Douve et sur Néhou, sa présence semble exclusive des autres couches du calcaire grossier.

Fossiles. — Le calcaire grossier à Milioles est essentiellement littoral en raison de sa faune importante de Gastéropodes et de Lamellibranches , et se rapproche plus par ce côté du calcaire noduleux que du calcaire à Orbitolites.

Abréviations du tableau suivant.

Localités.   F. Fresville.
              PB. Port-Bréhay (Gourbesville).
              O. Orglandes, La Hougue.
              H. Hauteville.
              R. Rauville.
              N. Néhou.
Distribution. *a*. Zone à Modiola.
              b. Zone à fossiles très-variés.
              c. Zone à Echinocyamus.
              d. Zone à Géodes.
Place à Paris. I. Calcaire grossier inférieur.
              M.   Id.   moyen.
              S.   Id.   supérieur.
              *. Espèces citées par Deshayes. — Description
                 Mollusques du bassin de Paris.
              B. Sables de Beauchamp.

	ESPÈCES.	AUT[...]
Poissons.	Lamna elegans.	Ag.
Crustacés.	Cancer sp. ?	
	Bairdia subdeltoidea.	Jon[...]
	Cythere pl. sp. ind.	
Annélides.	Serpula pl. sp.	
Céphalopodes.	*Belosepia Blainvillei.	Des[...]
	Nautilus sp. ?	
Gastéropodes.	*Voluta harpula.	Lam[...]
	* » relicta.	Bay[...]
	* » lyra.	Lam[...]
	» cithara.	»
	» musicalis.	»
	* Mitra terebellum.	»
	* » cancellina.	»
	* » fusellina.	»
	* » marginata.	»
	* » monodonta.	»
	* » labratula.	»
	* » subcostulata.	d'Or[...]
	* » mixta.	Lam[...]
	* » plicatella.	»
	* » elongata.	»
	» pleurotomoïdes.	Def.
	*Cypræa elegans.	»
	» inflata.	Lam[...]
	*Marginella crassula.	Des[...]
	» cylindracea.	»
	» ovulata.	*
	» sp. ?	
	*Ancillaria canalifera.	Lam[...]
	* » buccinoïdes.	»
	*Oliva Laumontiana.	»
	*Harpa mutica.	»

LIOLES.

	DISTRIBUTION DANS LES ZONES.	CALCAIRE A ORBITOLITES.	BASSIN DE PARIS.	OBSERVATIONS.
	b.	+	I. M.	
	a. b.	?		Pinces.
	a. b.	+	I. M. S.	
IN.	*a. b. c. d.*			Citées par Defrance.
	b. ?		B.	
	a. b.			Fragments incomplets.
	b.		I. M. S.	(V. Neglecta Desh.).
	b.		I. M.	
	b.		M. B.	
	b.		I. M. S. B.	Collection Bonnissent.
	b.		M. S. B.	» de Gerville.
	b.		M. S. B.	
	a. b.		M.	Coll. Bonnissent.
	b.		M. S. B.	
	a. b.		M.	
	b.		M.	
	b.		I. M. S. B.	
	b.		M.	
	b.		M.	
	b.		M.	
	b.		I. M.	
	b.			Coll. Bonnissent.
	b.		I. M. S.	
	a. b.		I. M. S.	Coll. Bonnissent.
	a. b.		I. M.	
	a.		B.	
	b.		M. S. B.	
	b.			
	b.		I. M. S. B.	
	b.		I. M. S. B.	
	b.		S. B.	
	b.		M.	

	ESPÈCES.	AU[TEURS.]
Gastéropodes.	*Terebra plicatula.	Lam
	*Cassis harpæformis.	»
	*Terebellum sopitum.	Bra
	*Strombus Bartonensis.	Sow
	*Rostellaria fissurella.	Lam
	*Conus deperditus.	Bru
	» sp. ?	
	*Pleurotoma lineolata.	Lam
	* » filosa.	»
	* » clavicularis.	»
	* » plicata.	»
	* » costaria.	Desh
	* » granulata.	Lam
	* » turrella.	»
	* » angulosa.	Desh
	* » bicatena.	Lam
	* » obliterata.	Desh
	Borsonia nodularis.	»
	*Murex tripteroïdes.	Lam
	* » contabulatus.	»
	*Triton reticulosus.	Desh
	* » pyraster.	Lam
	*Pyrula bulbus.	Desh
	» subcarinata ?	Lam
	*Fusus bulbiformis.	»
	» ditropis.	Bay
	* » abbreviatus.	Lam
	* » terebralis.	»
	* » intortus.	»
	* » subulatus.	»
	* » funiculosus.	*
	* » uniplicatus.	*
	* » angulatus.	v
	» Noë ?	*
	* » longævus.	*
	* » lævigatus.	Desh
	* » rugosus.	Lam
	*Triforis inversus.	»

	DISTRIBUTION DANS LES ZONES.	CALCAIRE A ORBITOLITES.	BASSIN DE PARIS.	OBSERVATIONS.
	b.		I. M. S. B.	
	b.		M.	
G.	a. b. c.	+	M. S. B.	
	b.		M.	
	b.		I. M. S. B.	
	a. b.		I. M. S.	Voisin du Lebrunii Desh.
	b.			
	b.		I. M. S. B.	
	a. b.		I. M. S.	Collection Bonnissent.
	b.		M. S. B.	Id.
	b.		I. M. S. B.	
	b.		B.	
	b.		M. B.	
	b.		I. M. S. B.	
	b.		M.	
	b.		M.	
	b.		I. M. S.	
	a. b.		M. S. B.	
	b.		M.	Coll. de Gerville.
	b.		M. S. B.	
	b.		M.	
	b.		M. S.	
	b.		M. S. B.	
	b.?		S. B.	Coll. Bonnissent.
	b.		I. M. S. B.	» de Gerville.
	b.		M.	
	b.		M.	
	b.		M.	
	b.		M.	
	b.		I. M. S.	
	b.		M.	
	b.?		M. S. B.	
	b.		M. S. B.	Coll. de Gerville.
	b.		I. M.	Id.
	b.		M. S. B.	
	b.		M.	
	b.		S. B.	

DISTRIBUTION DANS LES ZONES. CALCAIRE A ORBITOLITES. BASSIN DE PARIS. OBSERVATIONS.

	ESPÈCES.	AUT...
Gastéropodes.	*Cerithium commune.	Des...
	* » perforatum.	Lam...
	* » clavus.	»
	* » echidnoïdes.	»
	* » concavum.	Sow...
	* » cristatum.	Lam...
	* » interruptum.	»
	* » angulosum.	»
	* » cinctum.	Brug...
	* » globulosum.	Lam...
	* » costulatum.	Desh...
	* » lamellosum.	Brug...
	* » unisulcatum.	Lam...
	* » decussatum.	Def...
	* » Blainvillei.	Desh...
	* » Gravesi.	»
	* » labiatum.	»
	» tiara.	Lam...
	» pentagonatum.	V. S...
	* » denticulatum.	»
	* » cornu-copiæ.	Sow...
	» piriforme ?	Desh...
	» altavillensis.	»
	* nouvelle espèce A.	
	» nouvelle espèce B.	
	*Sigaretus clathratus.	Recl...
	*Natica hybrida.	Lam...
	* » parisiensis.	Desh...
	* » sigaretina.	Lam...
	* » patula.	»
	» microglossa.	Desh...
	* » cæpacea.	Lamk...
	Pileolus altavillensis.	Desh...
	*Nerita tricarinata.	Lam...
	* » mammaria.	»
	Neritopsis Defrancii.	n. sp...
	*Trochus crenularis.	Lam...
	* » tiara.	Def...

	ASSISES.	CALCAIRE A ORBITOLITES.	CALCAIRE GROSSIER DE PARIS.	OBSERVATIONS.
	b.		I. M. S. B.	
	b.		I. M. S. B.	
	b.		M. B.	
	b.		M. S. B.	
	b.		M. S. B.	
	b.		I. M. S. B.	
	a. b.		S.	
	a.		M. S. B.	
	a. b.		M. S. B.	
	b. ?		B.	
	b.		M.	
	b.		I. M. S.	
	a. b.		I. M. S. B.	
	b.		M.	
	b.		S. B.	
	b.		S. B.	
	b.		S.	
	a.		S. B.	
	b.			Espèce de Vicentin (Bayan).
	b.		S. M. B.	Coll. Bonnissent.
	b.			Spéciale à la Manche (Bayan).
	b.			Tr.-voisin du C. diastomoïdes de Desh.
	b.			Espèce spéciale.
	a.			
	a.			Voisin du C. secale de Desh.
	b.		S. M. B.	
	b.		S. M. B.	
	b.		S. M. B.	
	b.		I. S. M. B.	Coll. Bonnissent.
	b.		M. S. B.	
	a. b.		I. M. S. B.	
	b.	+	M. B.	Coll. Bonnissent.
	b.			
	b.		I. M. S. B.	Coll. Bonnissent.
	b.		M. B.	
	a. b.			Espèce finement striée.
	a. b.		M.	
	b.		B.	

	ESPÈCES.	AUTEURS.
Gastéropodes.	Trochus altavillensis.	Def
	» n. sp. ?	
	» sp. ?	
	*Delphinula striata.	Lam
	* » Regelyana.	»
	* » conica.	»
	* » canalifera.	»
	* » marginata.	»
	* » Gervillei.	Def
	* » Warnii.	»
	» calcar.	Lam
	» turbinoïdes.	»
	*Teinostoma helicinoïdes.	Des
	*Phasianella semistriata.	Lam
	* » turbinoïdes.	»
	Phasianella princeps.	Def
	*Turbo Eugenii.	Des
	» obtusalis.	Bau
	» Baudoni.	Des
	» sp. ?	
	*Siphonaria costata.	Des
	» rugosa.	Def
	*Bifrontia marginata.	Lam
	* » bifrons.	»
	*Solarium ammonites.	»
	* » plicatum.	»
	* » canaliculatum.	»
	*Bulla ovulata.	»
	* » cylindroïdes.	Des
	* » Bruguieri.	»
	* » coronata.	Lam
	» distans.	Des
	» conulus.	»
	» Brogniarti ?	»
	*Ringicula ringens.	Lam
	Etallonia Gervilii.	Des
	*Pyramidella terebellata.	Fer
	*Eulima nitida.	Des
	*Melania hordacea.	Lam

...ÉS.	ASSISES.	CALCAIRE A ORBITO- LITES.	CALCAIRE GROSSIER DE PARIS.	OBSERVATIONS.
	a. b.			Coll. Bonnissent.
	a.			T. subcanaliculatum Desb.
	a.			Voisin du T. molinifer.
	b.		M. B.	(Deslongchamps).
	b.		M.	
M.,F.	*a. b.*		M.	Vermetus conicus.
	b.		M.	
.	*a. b.*		I. M. S. B.	
	b.		S.	Coll. de Gerville.
	b.		S. B.	Id.
	a.		I. M.	
	a.		M. S. B.	
.	*a.*		M. S.	
	b.		M.	
.	*a. b.*		M. S.	
	a.			
	b. ?		S.	
	a.		S.	
	a.		M.	
	a.			Voisin du Craticulatus Desh.
	b.		B.	
	b.			Musée de Caen.
.	*a. b.*		M. S. B.	
	b.		M.	
	b.		M.	
	b.		I. M. S.	Coll. Bonnissent.
	b.		I. M. S. B.	
I.	*a. b.*		M.	
	b.		I. B.	
	a. b.	+	I. M. S. B.	
	b.		I. M. S. B.	
	a. ?		S.	
I.	*a.*		S. B.	
	a.			
	b.		M. S. B.	Douteuse.
	b.			Esp. spéciale ?
	b.		I. M.	
	b.		M.	
	b.		I. M. S. B.	

7

	ESPÈCES.	AUT...
Gastéropodes.	Melania lactea.	Lam...
	*Keilostoma turricula.	»
	*Diastoma costellatum.	»
	* » sp. ?	»
	Rissoa clavula.	»
	*Turritella sulcata.	»
	* » fasciata.	»
	* » imbricataria.	»
	*Serpulorbis ornatus.	Desh...
	» serpuloïdes.	»
	Siliquaria millepeda ?	»
	*Hipponix cornu-copiæ.	Def.
	» crispus.	»
	* » dilatatus.	»
	*Emarginula elegans.	»
	* » radiola.	Lam...
	*Fissurella labiata.	»
	* » squammosa.	Desh...
	*Dentalium fissura.	Lam...
	» substriatum.	Desh...
	» sp. ?	
Conchifères.	Clavagella echinata.	Lam...
	*Solecurtus Deshayesi.	Desh...
	*Corbula gallica.	Lam...
	* » angusta.	
	» sp. ?	
	*Venus texta.	»
	* » scobinellata.	
	*Cythere ovalina.	Desh...
	» suberycinoïdes.	d'Orb...
	*Cytherea polita.	Lam...
	* » semisulcata.	»
	Cyrena sp. ?	
	Cardium gratum.	Def.
	» obliquum.	Lam...
	* » aviculare.	»
	» sp. ?	
	» sp. ?	

	ASSISES.	CALCAIRE A ORBITO-LITES.	CALCAIRE GROSSIER DE PARIS.	OBSERVATIONS.
	a. b.		I. M. S. B.	Collection Bonnissent.
	b.		I. M. S.	
	b. ?		I. M. S.	
	a.			Très-grande espèce.
	b.		M.	
	b.		M. S.	
	b.		M. S. B.	Coll. Bonnissent.
	b.		I. M. S.	Id.
	b.		I.	
	a. b.		M.	
	b.		B.	V. Floridus Def.
.N.	*a. b.*		M. S. B.	Toutes les collections.
	b.			Musée de Caen.
	a.		M. B.	Id.
	b.		M.	
	b.		M. S. B.	
	b.		I. M.	
	b.		I. M.	
	a. b.		M. S. B.	
	a.		S.	
	a.			Très-grande espèce.
	b.		I. M. S.	Coll. Bonnissent.
	b.		I. M. S.	
	b. ?		I. M. S. B.	
	b.		M. S.	
	a.			G. altavillensis Def. ?
	b.		M. B.	
.H.	*a. b.*		M. S. B.	
	b.		M.	
	c.		I. M. S.	
	b.		I. M. S. B.	
	b.		I. M. S.	
	b.			
	b.		M. S. B.	
	c.		Tout l'Éocène.	
	b.		S. B.	
	a.			Voisin du précédent.
	a.			Groupe de l'Edule.

	ESPÈCES.	AUT...
Conchifères.	*Sportella dubia.	Desh...
	*Corbis lamellosa.	d'Or...
	» pectunculus.	Def.
	Chama lamellosa.	Lam...
	*Lucina gigantea.	Desh...
	* » mutabilis.	Lam...
	» saxorum.	»
	* » gibbosula.	»
	* » callosa.	»
	* » concentrica.	»
	» altavillensis.	Def.
	*Crassatella plumbea.	Cher...
	* » curata.	Desh...
	* » lævigata.	Lam...
	*Cardita imbricata.	»
	* » calcitrapoïdes.	»
	» profunda.	Desh...
	*Nucula subovata.	d'Or...
	*Pectunculus depressus.	Desh...
	» pulvinatus.	Lam...
	*Arca lamellosa.	Desh...
	* » rudis.	»
	* » articulata.	»
	» obliquaria.	Desh...
	» quadrilatera.	Lam...
	Modiola Gervillei.	Def.
	*Avicula Defrancii.	Desh...
	Perna Defrancii.	»
	*Pecten plebeius.	Lam...
	» optatus.	Desh...
	» sp. ?	
	*Spondylus radula.	Lam...
	Ostrea flabellula.	»
	» sp. ?	
	*Anomia tenuistriata.	Desh...
	» planulata.	»
Brachiopodes.	Terebratula bisinuata.	Lam...
Bryozoaires.	Planicellaria scruposa.	n. sp...

LITÉS.	ASSISES.	CALCAIRE A ORBITOLITES.	CALCAIRE GROSSIER DE PARIS.	OBSERVATIONS.
	b.		M. B.	
.	*b.*	+	I. M. S. B.	Coll. Bonnissent.
	b.			» de Gerville.
	b.	?		(Deslongchamps).
	b.		S.	
	b.		M. S.	Coll. Bonnissent.
	c.		S. B.	
	b.		I. M. S.	
	b.		M.	
.	*a. b.*	+	I. M. S.	
	b.			Coll. de Gerville.
	b.		I. M. S.	
.	*a. b.*		I. M. S.	
	b.		M.	
	b.		I. M. S.	
D. H.	*a. b.?*		M.	
	b.		S.	
. ?	*b. c.?*		M.	Peut-être 2 espèces.
	b.		B.	P. pectinatus Def.
H.	*a. b.*	?	I. M. S. B.	
	b.		M. B.	
	b.		M. S. B.	
	b.		I.	
	b.		I. M.	A. obliqua Def. ?
D. H.	*a. b.*		M. S.	A. quadrangula Def. ?
H. F.	*a.*			Spéciale ?
d.	*b.? c.*		B.	Coll. de Gerville.
	b.			
	b.		M. S. B.	
	a.		M.	
	b. d.			
	b.		I. M. S.	
	b.		I. M. S.	Coll. Bonnissent.
	a.			Esp. petite, incrustante.
	c.		I. M. S. B.	
.	*b.*		M.	
	b. ?		M. S.	(A. d'Orbigny fide.)
	a.			

	ESPÈCES.	AUT...
Bryozoaires.	Vincularia fragilis.	Def.
	Escharinella damæcornis.	Mich
	Myriozoum Eocænus.	n. s
	Lichenopora turbinata.	Def.
Echinides.	Scutellina elliptica.	Des
	» nummularia.	Ag.
	Echinocyamus altavillensis.	»
	Cidaris sp. ?	
Crinoïdes.	Pentacrinus subbasaltiformis.	Mull
	Astropecten sp. ?	
Anthozoaires.	Turbinolia dispar.	Def.
	» Fredericana ?	Ed.
	Sphænotrochus granulosus.	Ed.*
	» Desnoyersei.	n. s
	Paracyathus procumbens.	Ed.
	Discotrochus Edwarsii.	n. s
	Cyclosmilia altavillensis.	Def.
	Dendracis Gervillei.	»
	Litharea Desnoyersei.	Ed.
	Stylocænia monticulipora.	Sch.
	» emarciata.	Mich
	Axopora micropora.	d'Or
Foraminifères.	Polytripes elongata.	Def.
	» longissima.	var.
	Bioculina ringens.	Lam
	» sp. ?	
	Triloculina trigonula.	
	» sp. ?	»
	Spiroloculina bicarinata.	d'Or
	Quinqueloculina lævigata ?	d'Or
	» sp. ?	
	Rosalina vesicularis.	Lam
	Rotalia trochiformis.	»
	» papillosa ?	d'Or
	» sp. ?	
	Umbecularia lucifuga.	Def.
	Valvulina globularis.	d'Or

LOCALITÉS.	ASSISES.	CALCAIRE A ORBITO-LITES.	CALCAIRE GROSSIER DE PARIS.	OBSERVATIONS.
	b.		M.	
I.	a. b.		M. B.	(Eschara).
	a.			
	b. ?		M. ?	Remanié du cal. à Orb. ?
	b. ?	+	M.	Id.
	c.		I. M.	Très-abondant.
	c.			Id.
	a.	?		C. Leptacautha var. ?
	a.			
	a.			A. lævis.
I.	a.		M. B.	
	a.			Barton.
I.	a.			Spécial ?
	a.			Voisin de l'esp. de Cuise.
	b.			Spécial.
	a.			Très-beau type nouveau.
	b.			
II.	a.		B.	
2.	a.			
I.	a.		M. S.	
	a. b.		B.	
I. PB.	a. b.			Prod., tome II, page 405.
I. O.	a.		M.	
	b.			
	b. c. d.	+	M. S. B.	Plusieurs espèces ind.
	b.			
	b. d.	+	M. S. B.	Plusieurs espèces ind.
	b.			
	b. c. d.	+	M. S.	
	b. c. d.	?	M. S.	Plusieurs espèces ind.
	b.			
I. O.	a. b.		M.	
O.	a. b.	+	M.	
	a.		M.	
H.	a. b.			Plusieurs espèces ind.
	b.			Dict. Sc. Nat.
	a. ?	+	M.	

Nous avons reconnu au moins 260 formes et déterminé 230 espèces.

Elles appartiennent : 80 à l'assise *a*.

$$200 \quad » \quad b.$$
$$12 \quad » \quad c.$$
$$6 \quad » \quad d.$$

16 espèces se retrouvent dans le calcaire à Orbitolites.

63 » à Paris dans le calcaire grossier inférieur.

170 » » » moyen.

118 » » » supérieur.

98 » » dans les sables de Beauchamp.

On remarquera la pauvreté des assises C et D, qui sont cependant importantes comme étendue, et bien caractérisées comme faciès. Nous relevons comme suit les espèces caractéristiques de la zone *c*, presque toutes spéciales :

> *Terebellum sopitum.*
> *Cytherea subericynoïdes.*
> *Cardium obliquum.*
> *Lucina saxorum.*
> *Nucula subovata.*
> *Avicula Defrancii.*
> *Anomia tenuistriata.*
> *Scutellina nummularia.*
> *Echinocyamus altavillensis.*
> Foraminifères.

Dans la zone *d*, nous ne connaissons que :

> Empreintes de *Cerithium.*
> Moule de *Cardita.*
> Pecten sp. ?
> Foraminifères.
> Entomostracés ind.

Descriptions locales. — *Fresville.* — Un lambeau de la zone inférieure à Modioles (*a*) se voit sur le coteau de Veauville par dessus le calcaire à Orbitolites; il a au plus 300 mètres de long sur 200 mètres de large. Nous y avons trouvé les mêmes fossiles qu'à Port-Bréhay, abondants et bien conservés.

Gourbesville. — 1° *Port-Bréhay.* Nous avons indiqué précédemment la coupe de contact qu'on peut observer dans la tranchée du chemin vicinal, à 300 mètres Sud-Ouest du marais. Le calcaire à Modioles (*a*) ne renferme guère à la base que des coquilles brisées. Plusieurs couches de 10 à 15 centimètres d'épaisseur sont exclusivement formées des morceaux de la *Modiola Gervillei ;* d'autres lits abondent en Polypiers, surtout le *Stylocœnia emarciata* et le *Dendracis Gervillei ;* nous avons trouvé aussi quelques articles de *Pentacrinus ;* enfin, dans d'autres lits plus élevés, les fossiles sont bien conservés.

2° *La Fosse :* à 300 mètres Sud de Port-Bréhay, en remontant le coteau, nous avons relevé dans une carrière qui n'est plus exploitée, mais qui n'est pas encore comblée, la succession suivante :

	1° Limon et diluvium.	2^m, 50	
	2° Argile verte et calcaire d'eau		
	douce.	2 , 00	
Zone	*d.* 3° Marne blanche avec rognons durs		
	à Milioles un peu verdâtres. .	0 , 50	
	c. 4° Calcaire jaune tendre à Milioles.	1 , 00	
supérieure.	*c.* 5° Calcaire argileux blanchâtre à		
	Echinocyamus altavillensis. .	0 , 40	
Zone	*b.* 6° Calcaire grossier, dur, avec fos-		
	siles variés, divisé en bancs		
inférieure.	visibles sur	2 , 50	

Le calcaire à *Modiola Gervillei* (a) se trouvant en contre-bas à environ 6 ou 8 mètres. La couche 5° renferme à profusion l'*Echinocyamus altavillensis*, accompagné de :

Cytherea subericynoides.
Lucina saxorum.
Anomia tenuistriata.
Scutellina nummularia.

La couche n° 6 coïncidant probablement avec celle la plus fossilifère d'Hauteville.

A 500 mètres plus à l'Est sur le même coteau, au lieu dit la ferme de la Godefrairie, nous avons relevé la coupe suivante qui n'a pas besoin de commentaires :

	1° Limon sableux, environ	2^m,»»
	2° Argile impure avec blocs de meulière.	1 ,»»
Zone supérieure.	*d.* 3° Argile panachée blanche et verte.	0 ,40
	c. 4° Calcaire irrégulier bréchiforme à Echinocyamus	1 ,10
Zone inférieure.	*b.* 6° Calcaire à Milioles dur, en bancs stratifiés, visible sur.	3 à 4^m.

Nous devons citer ici un petit lambeau de calcaire semblable au n° 5, qu'on rencontre surmontant le grès vert sur Amfreville, à la ferme de Brix, dans l'abreuvoir de la cour, mais qui est trop peu visible pour que nous puissions en donner une coupe intéressante.

4° *Église de Gourbesville.* — A 200 mètres Est, sur la droite du chemin allant à Amfreville, nous avons constaté l'emplacement d'un gîte autrefois fort riche (Bonnissent), dans lequel le calcaire à Milioles (*b*), extrêmement fossilifère, présentait des bancs à l'état de faluns et coïncidant probablement à l'emplacement non visible dans la coupe des Fosses, qui serait ainsi occupé par une alternance de bancs durs et solides très-bien caractérisés.

Le calcaire à Milioles dur se rencontre enfin à 400 mètres Sud-Ouest de l'église, près d'une ferme, immédiatement surmonté d'argile noire et à très-peu de distance de deux bandes de calcaire à Orbitolites.

Orglandes. — 1° *Chef-de-Ville.* — A quelques pas de ce hameau, vers le Nord-Ouest, on voit encore aujourd'hui l'emplacement de vastes carrières dites de l'*Entretenant d'Orglandes*, et qui présentaient une belle coupe de calcaire à Milioles (*b*, *c*, *d*) surmontée en cet endroit, comme à la Fosse de Gourbesville, de marnes blanches et verdâtres avec calcaire d'eau douce à Potamides. M. de Gerville signale l'*Echinocyamus altavillensis* et dit que les bancs supérieurs, au contact de l'argile verte, étaient perforés par des pholades.

2° *La Hougue.* — Le calcaire à Milioles n'apparaît pas en place dans cette carrière si connue ; mais les argiles du limon, qui sont entrées dans les fentes des roches en place, renferment beaucoup de fossiles remaniés de l'assise à Milioles, et ils sont dans un si bon état de conservation qu'on est sûr que le calcaire à Milioles n'est pas loin. On trouve en particulier des *Modiola Gervillei*, des Polypiers et des Gastéropodes nombreux ; en effet, le calcaire à Milioles affleure à 500 mètres Sud de l'église, sur la route de Pont-l'Abbé. Il est blanchâtre et à fossiles conservés ou moulés, selon les bancs. C'est près de cet endroit que se voyait « la marne blanche » du calcaire grossier indiquée par M. de

Caumont ; nous avons tout lieu de croire que c'était le banc supérieur de notre zone inférieure (*b*) à Milioles.

Hauteville. — Les carrières de cette localité, célèbre parmi les paléontologues, sont depuis longtemps comblées ; c'est à peine si, de temps à autre, on extrait quelques mètres d'un calcaire grossier, blanc, tendre, fin, dit marne dans le pays et appelé falun par les anciens géologues. Ce calcaire est un banc sans fossiles, qui est à la base d'une des fosses, à 200 mètres Est du château. Nous avons donc dû établir la coupe que nous présentons ci-après, autant d'après les données anciennes et les renseignements pris sur place, que d'après la présence de quelques blocs isolés affleurant sur des points éloignés :

	1° Limon et diluvium	2^m, » »
	2° Argile verdâtre, base du quaternaire	0 ,50
Zone supérieure.	*d.* 3° Calcaire marneux à rognons verdâtres et Milioles, fossiles rares.	4 ,50
	c. 4° Calcaire grossier, dur, en bancs alternant, avec *Echinocyamus altavillensis*	2 ,50
Zone inférieure.	*b.* 5° Falun blanc, tendre, avec fossiles très-variés dégagés	1 ,50
	b. 6° Falun blanc avec Pecten, Milioles, fossiles rares et quelques bancs durs avec moules.	3 ,» »
	a. 7° Falun sableux avec Modiola et Polypiers.	1 ,» »
	8° Calcaire à Orbitolites, visible à 150 mètres au Nord, très-peu en contre-bas.	

Les n°ˢ 3 et 4 forment la zone supérieure et les n°ˢ 5,

6 et 7 la zone inférieure ; le n° 5 , autrefois si riche , mal visible actuellement , fournit la majeure partie des espèces qu'on rencontre encore éparses sur le sol. Sur une dizaine d'hectares environ, la terre a été fouillée , mais c'est principalement le banc n° 3 qui apparaît dans les petites excavations encore existantes.

Reigneville. — A la carrière de la Cour, dont nous avons donné antérieurement (page 85) la coupe, le calcaire à Milioles est stratifié , dur ; ce sont évidemment les niveaux supérieurs (*d*, *c*) qui se présentent immédiatement sur le calcaire à Orbitolites , la zone inférieure étant réduite ; le limon sableux qui recouvre le tout a au moins 6 à 8 mètres de puissance en cet endroit.

La Bonneville. — Aux Fosses mêmes , un puits en foncement nous a fourni la coupe suivante :

1° Limon , sable et argile verte . . . . $1^m,\text{» »}$
2° Argile noire compacte avec lits de Corbules . 3 ,» »
d. 3° Calcaire bleuâtre , argileux , à Milioles . . . 0 ,50

Ce calcaire n° 3 renferme des Pectens et des Milioles en abondance ; c'est probablement la zone supérieure du calcaire à Milioles à l'état de moëllon stratifié compact, d'un blanc bleuâtre. M. de Gerville dit que les bancs à *Echinocyamus altavillensis* (c) étaient autrefois exploités dans la prairie Sud de la ferme.

Rauville-la-Place. — 1° *Moulin-Caffré*. — Sur le bord même de la route de Pont-l'Abbé , on aperçoit les bancs calcaires à Milioles (*b*) stratifiés, solides, d'un blanc jaunâtre, horizontaux ; cette couche est le prolongement de celle de

Crosville et des Fosses de La Bonneville ; elle s'étend , visible dans le fond de tous les fossés du marais et sur la pente du coteau , jusqu'à La Rue-de-Tourville.

2° *La Rue-de-Tourville.* — Dans ce hameau , à 600 mètres Sud-Est de l'église de Rauville , d'anciennes carrières appartenant à M. de Gourbesville nous ont présenté des débris que nous classons ainsi :

1° Limon.
2° Argile à *Ostrea sonora* . . . . $1^m,''$
Zone sup^{re}. *d*. 3° Calcaire irrégulier noduleux à Milioles.
Zone inf^{re}. *b*. 4° Calcaire en bancs durs et tendres, avec fossiles variés et faluns avec Nucula, Pecten, etc.

Talus bouleversés , ensemble : 6 mètres.

Fond marécageux.

Nous sommes ici en présence (n° 3) de la zone supérieure et (n° 4) de la zone inférieure , le calcaire à Baculites se trouvant de 4 à 5 mètres en contre-bas , à 100 mètres de distance. Nous avons donc sur cette commune un massif important, reposant probablement vers l'Ouest sur le Trias, sans l'intermédiaire du calcaire grossier inférieur et moyen ; vers le Sud , sur la craie ; vers l'Est , il disparaît sous le marais , et il est recouvert par des lambeaux d'argile noire à Corbules.

Ste-Colombe. — Nous ne connaîtrions pas ce gisement, si les anciens auteurs ne l'avaient signalé, car il n'en reste actuellement aucune trace.

Voici la coupe qu'en donne M. de Caumont :

<table>
<tr><td rowspan="9">Zone
supérieure.</td><td rowspan="5">d.</td><td>1° Au-dessous de la terre végétale,
marne blanche . . . . .</td><td>$0^m,30$</td></tr>
<tr><td>2° Calcaire grossier, gris ou jaunâtre,
assez dur, avec Milioles. . .</td><td>0 ,20</td></tr>
<tr><td>3° Marne blanchâtre, comme le n° 1.</td><td>0 ,80</td></tr>
<tr><td rowspan="2" style="vertical-align:top">c.</td><td>4° Calcaire grossier, bleuâtre, très-
dur, avec empreintes de co-
quilles et quelques fragments
de quartz et de phyllades . .</td><td>0 ,60</td></tr>
<tr><td>5° Marne.</td><td></td></tr>
</table>

Le calcaire à Baculites étant très-voisin, ainsi que le porphyre, le dépôt doit être à peine plus épais que ne l'indique cette coupe ; c'est très-probablement là notre zone supérieure. M. de Gerville y indique positivement le calcaire à Echinocyamus et à Anomies. A la limite de la commune de Ste-Colombe, avec celle de Golleville, près du marais, on revoit un lambeau de calcaire à Milioles qui repose vraisemblablement sur le calcaire à Baculites du Quesnay ; mais l'état des lieux ne permet pas plus ample investigation.

Néhou. — Nous répéterons pour le calcaire grossier de cette localité presque tout ce que nous avons dit en décrivant la craie ; nous n'avons pu voir que la trace des anciennes exploitations, et nous avons dû nous servir des renseignements locaux et des observations des auteurs qui nous ont précédés.

1° *Fosse-Launay.* — Située à 400 mètres au Nord de la ferme d'Hercla. Nous rétablissons la stratification comme suit :

  1° Limon très-épais.
  2° Argile verte, noircie à la base.
  3° Lacune.

Zone sup^{re}. *d.* 4° Calcaire irrégulier, verdâtre, à géodes, et Milioles.

Zone inf^{re}. *b.* 5° Calcaire blanc à Milioles et moules variées, masse exploitée pour constructions.

Le tout pouvant avoir une douzaine de mètres.

2° *Fosse-Meslin.* — La carrière spécialement désignée sous ce nom est située à 600 mètres Ouest de la précédente, à 250 mètres Nord de la Meslinerie. Nous y avons observé :

1° Limon et argile verdâtre.

2° Argile noire avec *Corbules*, au moins . . . . 3ᵐ, ⁿⁿ

Zone sup^{re}. *d.* 3° Calcaire noduleux géodique, à Milioles avec marne bleuâtre ou verdâtre, se rouillant à l'air.

b. 4° Calcaire à Milioles, blanc, à grain fin.

b. 5° Calcaire sableux à fossiles conservés, polypiers, *Cerithium cornucopiæ*, etc.

L'excavation a une dizaine de mètres en tout, mais il ne nous est pas possible de donner l'épaisseur approximative des assises. Nous ignorons si la zone à *Echinocyamus* apparaissait ; mais nous savons que c'est la couche n° 5 qui fournissait le *C. cornucopiæ*.

Sur Néhou, en résumé, le calcaire grossier à Milioles appartient aux parties supérieures des zones (*d*, *c*) et (*b*, *a*) ; il forme une bande Sud-Ouest = Nord-Est, de 1,500 mètres de longueur environ sur 4 à 500 de largeur, reposant sur le calcaire à Baculites ou le Trias, et il est uniformément recouvert par les argiles à *Corbules* du Miocène inférieur, dont les Mollusques perforants l'ont pénétré (de Gerville).

Nous pouvons maintenant étudier en détail le synchronisme paléontologique particulier des diverses assises de l'Eocène moyen du Cotentin, en les comparant avec les autres couches tertiaires du grand versant Nord de l'Europe.

1° *Bassin de Paris.* — La faune du calcaire noduleux de la Manche doit son caractère le plus saillant à ses Echinides, dont un certain nombre sont voisins de ceux qui, dans le bassin de Paris, abondent dans le calcaire grossier inférieur. C'est donc avec cette assise que nous sommes portés à assimiler le calcaire noduleux.

Le calcaire à Orbitolites, dans son horizon inférieur, représenterait le calcaire grossier moyen; sa faune de Bryozoaires et de Foraminifères est bien celle du calcaire à Milioles de Paris, et, quoique son fossile le plus caractéristique soit plus haut dans la série parisienne, nous ne croyons pas possible, eu égard à l'ensemble de la faune, si importante dans le calcaire à Milioles du Cotentin, de pouvoir le placer différemment. Notre calcaire à Milioles forme aussi un tout trop uni pour que nous croyions pouvoir le scinder de façon à faire coïncider ses divisions avec celles de la série parisienne; c'est le calcaire grossier moyen, partie supérieure, et le calcaire grossier supérieur de Paris en même temps. — La riche faune d'Hauteville ne permet pas de considérer le calcaire grossier qui la contient comme autre chose que le calcaire à Milioles, zone supérieure. D'un autre côté, les parties supérieures qui sont géodiques, les divers lits tourmentés qui forment la zone la plus élevée, rappellent bien le calcaire grossier supérieur parisien, avec ses caillasses et ses dépôts agités, qui terminent la belle série de l'Eocène moyen.

Ainsi , nous avons :

RIVAGE NORD-OUEST (COTENTIN).   BASSIN CENTRAL (PARIS).

I. Calcaire grossier à Milioles { à Géodes. — Calcaire grossier supérieur.
à fossiles variés. }

           »   moyen.

II. Calcaire à Orbitolites.

III. Calcaire noduleux.   »   inférieur.

Bien entendu , ces relations basées uniquement sur la faune n'ont qu'une valeur absolue assez faible et n'indiquent pas , à cause de la distance , une contemporanéité certaine. Nous savons que, sans un prolongement stratigraphique suivi pied à pied , il n'y a point de preuve positive ; mais , privés comme nous le sommes de toute autre méthode , force nous est de recourir aux éléments paléontologiques que nous possédons.

2° *Hampshire*. — Notre calcaire à Milioles représente très-vraisemblablement le Barton-Clay ; mais il importe de remarquer que , quoique le Cotentin soit plus rapproché de l'île de Wight que des dépôts extrêmes du bassin de Paris , il participe davantage de ceux les plus éloignés et n'a que des rapports assez faibles avec la série anglaise, qui est d'une nature minéralogique différente.

Nous croyons pouvoir indiquer le synchronisme suivant :

     Cotentin.   *Hampshire.*

Calcaire grossier à Milioles.   Barton-Clay.

Calcaire sableux à Orbitolites. }

Calcaire noduleux à Echinides. } Bracklesham beds.

3° *Bretagne*. — Il existe aux environs de Nantes des dépôts incontestablement Eocènes ; mais leur description laisse encore trop à désirer pour que nous puissions donner une concordance très-détaillée ; voici toutefois celle que nous proposons :

Cotentin.	*Bassin de la Loire.*
Calcaire à Milioles.	Calcaire grossier de Campbon.
Calcaire à Orbitolites.	Calcaire grossier d'Arthon-Cheméré
Calcaire noduleux.	et Machecoul.

Les listes de M. Caillaux indiquent, en effet, dans le calcaire de Campbon la prédominance, comme dans notre calcaire à Milioles, des Gastéropodes et des Polypiers polyastrés, ainsi que de l'*Echinocyamus altavillensis* : la faune d'Arthon-Cheméré étant riche en *Orbitolites complanata*, en Foraminifères et en Echinides variés comme celle de notre calcaire à Orbitolites et de notre calcaire noduleux.

CHAPITRE III.

TERRAIN MIOCÈNE.

La masse moyenne de la série tertiaire est représentée dans la Manche par une succession de dépôts peu homogènes, placés entre l'Éocène moyen que nous avons décrit et les terrains Pliocènes récents. Cet ensemble comprend quatre formations bien distinctes, dont l'âge relatif est très-difficile, sinon impossible à fixer, par la stratigraphie seule, à cause de leur dispersion irrégulière et de leur étendue géographique spéciale. Nous n'avons pas craint, pour leur assigner un ordre successif, de nous appuyer sur la paléontologie et d'y puiser les renseignements positifs que cette science peut fournir dans son état actuel d'avancement. On rencontre dans la Manche, au-dessus du calcaire à Milioles et en suivant l'ordre ascendant :

1° Argile à Corbules.

2° Marne à Bithinies.

3° Calcaire à Potamides.

4° Falun à Bryozoaires.

Les formations 1 et 4 sont marines, celles intermédiaires 2 et 3 sont lacustres.

La faune de la couche à Corbules est absolument différente de celle du falun à Bryozoaires, et comme la comparaison de formations d'origine différente est toujours fort difficile, on ne s'étonnera pas que les formations d'eau douce n'aient que des rapports très-éloignés avec les faunes inférieures et supérieures marines. L'indépendance complète des deux assises lacustres peut surprendre, au contraire. Elle est cependant indiscutable ; séparées l'une de l'autre par un laps de temps probablement considérable, ces deux formations ont eu une origine différente, comme le prouve la nature minéralogique dissemblable de la roche ; et leur isolement géographique est complet.

En l'absence de rapports mutuels, on comprendra les difficultés que peut présenter le choix d'une classification ; nous avons placé l'argile à Corbules dans le Miocène inférieur (oligocène), les assises lacustres dans le Miocène moyen et les faluns dans le Miocène supérieur ; parce que c'est ce mode de groupement qui nous a semblé répondre le mieux aux divisions naturelles que l'étude du Cotentin nous a présentées et sans y attacher beaucoup d'importance (1).

(1) Ne pouvant entrer ici dans une discussion approfondie sur toutes les classifications possibles qu'on pourrait adopter pour la Manche,

Nous avons dit que les formations Miocènes de la Manche étaient isolées ; un coup d'œil sur la teinte rose de notre carte en apprendra plus à cet égard que de longs développements.

L'argile à Corbules forme une sorte de bordure générale interne du bassin de l'Eocène ; la marne à Bithinies ne se rencontre qu'à Néhou et dans ses environs immédiats, à l'Ouest du bassin ; le calcaire à Potamides n'est connu qu'à Gourbesville et dans son voisinage, dans l'Est du bassin ; enfin, le falun n'est visible qu'à Picauville, au Sud des dépôts précédents. Il en est même très-éloigné et semble déjà en dehors du bassin tertiaire Nord proprement dit du Cotentin, pour se relier aux dépôts de même âge ou plus récents constituant le bassin tertiaire Sud de Carentan. Il ne faudrait pas croire cependant que l'ensemble Miocène que nous considérons soit arbitrairement limité ; à la base, une lacune très-importante, celle des sables de Beauchamps, exclut toute parenté avec l'Eocène, tandis que, au sommet, un changement complet de nature minéralogique, de faune, de distribution géographique, de faciès, indique suffisamment une division importante. Nous pouvons dire ainsi qu'aucune délimitation, entre les assises Miocènes que nous avons distinguées, ne nous paraissent valoir les différences à la base et au sommet que nous venons de signaler.

et qui ont été proposées depuis quelques années pour le tertiaire moyen, nous nous contenterons de donner ci-après un tableau de cinq modes principaux, en les appliquant à nos assises.

DU COTENTIN.	NOTRE CLASSIFICATION.	M. TOURNOUER.	LYELL ET DESHAYES.	A. D'ORBIGNY.	M. RENEVIER.	
	Pliocène.	Pliocène	Pliocène	Subapennin	Pliocène	
à bryozoaires	Sup^r	Miocène moyen	Miocène	Falunien	Miocène	Néogène
à Potamides	Moyen } Miocène	Sup^r			Aquitanien	
à Bithinies.		Moyen } Oligocène	Eocène supér	Tongrien	Tongrien	
à Corbules	Infér^r	Infér^r			Parisien	Palæogène
grossier	Eocène moyen	Eocène	Eocène moyen	Parisien infér		

Pour les assimilations synchronistiques, nous renvoyons le lecteur au tableau général placé à la fin de cette étude et basé sur la comparaison des faunes.

MIOCÈNE INFÉRIEUR.

ARGILE NOIRE A CORBULES. — MARNE A OSSEMENTS (de Caumont). — MARNES DU CALCAIRE GROSSIER (Desnoyers). — FALUN DE RAUVILLE (de Gerville). — MARNES A CERITHIUM PLICATUM (Hébert). — EOCÈNE SUPÉRIEUR DE HÉBERT. — OBLIGOCÈNE INFÉRIEUR DE TOURNOUER.

Nous évaluons de 4 à 6 mètres la puissance des argiles à Corbules, nous rapprochant ainsi de l'épaisseur déjà constatée par M. de Caumont pour les marnes de Rauville-la-Place.

Cette formation, plus qu'aucune autre de la Manche, n'a pas été appréciée jusqu'ici à sa juste valeur. Elle fut confondue avec le calcaire grossier supérieur par M. Desnoyers, qui l'assimilait au banc d'argile verte du calcaire parisien supérieur; puis elle fut rapportée par M. de Caumont aux tufs du Sud de Carentan, par suite de rapprochements paléontologiques inexacts. Enfin, en 1849, d'après la découverte d'un fossile caractéristique sur la route de Pont-l'Abbé à St-Sauveur, M. Hébert a cru pouvoir affirmer l'existence de l'horizon des sables de Fontainebleau dans le département de la Manche. Il a présenté une note sur ce sujet à la Société géologique de France, en parlant du dépôt du Bosq-d'Aubigny (1).

Nous dirons plus loin les raisons paléontologiques qui nous ont déterminés à reconnaître plus exactement, dans l'argile à Corbules, un faciès marin du gypse.

____

(1) *Bull. Soc. Géol. de France*, t. VI, 2ᵉ série, p. 558.

Nous avons reconnu le niveau de Rauville dans un grand nombre de localités ; nous l'avons trouvé en étendue et en puissance l'un des plus importants du golfe du Cotentin , et nous pensons que son existence ne pourra plus désormais être mise en doute comme elle le fut, il y a quelques années, par un de nos géologues contemporains les plus éminents.

Stratigraphie. — L'argile plastique à Corbules repose normalement sur le calcaire à Milioles aux Fosses de La Bonneville , à Gourbesville , à Néhou et à Rauville ; mais elle repose aussi par stratification transgressive sur le calcaire à Baculites et sur le Trias aux Fosses de La Bonneville , à Rauville et à Néhou , etc.

La jonction n'est visible dans aucune des localités qui nous sont connues ; mais M. de Gerville indique qu'elle est ondulée , et que des Mollusques perforants de cet âge ont pénétré le calcaire grossier.

L'assise à Corbules est limitée à la partie supérieure par le diluvium ; elle est souvent en contact direct avec une argile verdâtre , plastique, peu épaisse, qui remplace le sable ferrugineux de la base du diluvium dans la région où affleurent les terrains anciens, crétacés et tertiaires. Le mélange des deux couches argileuses qu'on observe à cette jonction a été la source de nombreuses méprises ; plusieurs observateurs ont pris l'argile à Corbules pour du limon , et ont indiqué dans son sein des ossements roulés de Lamantin et d'autres que nous avons reconnus, sur le terrain comme dans les collections, pour être des ossements de ruminants roulés à la base du diluvium. M. Bonnissent , du reste , avait établi depuis longtemps cette distinction et mis en garde contre une semblable erreur. A Rauville , cependant , de très-bons observateurs, MM. de Gerville et Lyell (1843) , ont indiqué , sur l'argile à Corbules , des couches que nous n'avons pu retrouver et qui se rapportaient aux dépôts du Sud de Carentan : Tuf. — Argile à Nassa. — Nous reviendrons plus loin sur ce fait en le discutant.

Composition minéralogique. — L'argile à Corbules dans sa grande masse est toujours grise ou noire ; elle est en général très-plastique et peu marneuse. A la base, elle renferme des lits de sables gris formés de grains de quartz anguleux particulièrement fossilifères ; à la partie moyenne, on remarque quelques nodules pyriteux et des masses vertes de sable agglutiné ; au sommet enfin, le mélange avec le limon n'empêche pas toujours de remarquer un lit plus calcareux avec nombreuses coquilles brisées (Hauteville).

Les *Ostrea* forment un banc vers la base ; la zone à fossiles très-variés vient au-dessus ; puis succède à cette zone une masse qui renferme surtout des Corbules à lits irréguliers, certaines parties étant stériles, d'autres fort riches.

A l'air, l'argile noire blanchit rapidement ; elle s'exfolie en perdant une partie de son humidité et devient méconnaissable ; elle a été anciennement exploitée dans le pays comme terre à foulon pour décrasser les laines.

D'après la position géographique des gîtes visités, on peut remarquer que le plus riche et le plus sableux est le gîte le plus méridional (Rauville).

Les dépôts extrêmes Est et Ouest (Gourbesville et Néhou), les plus argileux, au contraire ne renferment presque rien. En résumé, l'argile à Corbules, par sa composition caractéristique, est partout immédiatement reconnaissable.

Étendue géographique. — Les argiles à Corbules existent sur presque toutes les communes déjà citées, formant une ceinture concentrique interne au calcaire grossier ; dans la vallée du Merderet, elles apparaissent à Amfréville, à Gourbesville. — Sous le plateau d'Orglandes : à Orglandes, à Hauteville, aux Fosses de La Bonneville, à Rauville-la-Place. — Dans la vallée de la Douve : à Néhou ; mais nous ne savons pas si ces dépôts étaient isolés dès l'origine, ou s'ils étaient reliés avant la dénudation.

Faune. — Les fossiles des argiles à Corbules sont nombreux, variés et intéressants. Sur les 90 espèces que nous avons cru pouvoir distinguer, nous en avons déterminé 38 d'une façon précise ; les autres sont ou entièrement nouvelles ou voisines d'espèces déjà connues, avec certaines différences qui ne nous ont pas permis de nous prononcer positivement. La lettre *f* indique les espèces communes avec les sables de Fontainebleau, la lettre *b* les espèces qu'on retrouve à Beauchamp : nous relevons 30 noms de la première catégorie et 20 de la seconde.

La localité de Rauville nous a fourni le plus d'espèces (R), 63, probablement à la fois à cause de son faciès sableux et de son abord plus facile aux investigations. Viennent ensuite 34 espèces (F) des Fosses de La Bonneville, horizon très-voisin de celui de Rauville ; 20 espèces marquées B du hameau Beauvais-sur-Orglandes, où les Gastéropodes abondent spécialement. H indique l'argile de la lande d'Hauteville ; C, la Clergerie-sur-Néhou ; N, la fosse Launay sur la même commune, endroits où les types sont peu variés.

Un certain nombre d'espèces se retrouvent dans l'Eocène moyen ; aucune n'est commune avec les faluns.

La conservation des échantillons laisse en général peu à désirer, certains individus ayant même gardé des traces de leur ancienne coloration.

FOSSILES DES ARGILES A CORBULES.

ESPÈCES.	AUTEURS.	LOCALITÉS.	RAPPORTS.	OBSERVATIONS.
Os et dents de poissons.		R. F.		
Pinces de crustacés.		F.		
Balanus sp. ?		F. C.		
Bairdia subdeltoïdea.	Jones.	R. F.	f. b.	
» punctatella.	Bosq.	F.	f.	
Cythere sp. ?		R.		Voisine de C. Deshayesiana Bosq.
» sp. ?		R.	b.	» C. horrescens »
Spirorbis et serpula.	Pl. sp.	R.		Indéterminées.
Mitra perminuta.	Braun.	B.	f.	
Marginella n. sp. ?		B.	b.	Voisine de M. cylindracea Desh.
» n. sp. ?		R.		Groupe de la M. ovulata Lamk.
Conus sp. ?		R.		Échantillon un peu roulé.
Buccinum Gossardi.	Nyst.	H. B.	f.	Var.
Pleurotoma Prevostii.	Desh. ?	R.	f.	Charmante petite espèce.
» sp. ?		R.	b.	P. innexa Sol.? Côtes nombreuses à perlea à la suture.
Typhis tubifer.	Mont.	B.	b.	T. nystii d'Orb.
Murex A.		B.		Groupe du Tripteroïdes Lamk.
» B.		B.		» Flexuosus »
» C.		B.		» Foliaceus Desh.
Fusus sp. ?		R.	b?	Voisin du F. Bigasiti Desh.
Terebellum sopitum.	Brand.	R.		T. subconvolutum d'Orb. ?
Cerithium plicatum (1).	Brug.	R.	f.	D'après M. Hébert.
» trochleare.	Lamk.	R.	f.	Grosse variété conique.
» conjunctum ?	Desh. ?	H. B.	f.	Spire ornée de trois rubans granulés
» cinctum.	Brug.	R. F.	b.	Tout à fait l'espèce du calcaire gross
» resectum ?	Def.	R.		Groupe du C. tenuistriatum Desh.

(1) Nous n'avons retrouvé nulle part le *Cerithium plicatum* indiqué par M. Hébert, e rareté est explicable en ce sens que ce fossile caractéristique de l'oligocène supérieur est très dans l'oligocène inférieur, qui correspond justement à l'horizon que nous attribuons aux ma à Corbules.

ESPÈCES.	AUTEURS.	LOCALITÉS.	RAPPORTS.	OBSERVATIONS.
...thium sp. ?		R.		Esp. bucciniforme, voisine du C. absconditum.
» tuberculosum	Lamk.	R.	b.	(Néhou, Deshayes), var.
» sp. ?		R. F. B.		Esp. treillissée à varices.
» mundulum.	Desh.	R.		Nous n'avons pu distinguer cette espèce de celle de Cuise.
...ca Combesi.	Bay.	R.	f.	(N. Picteti Desh. — N. Nystii d'Orb.).
...binula n. sp.		H.		Groupe de la D. marginata.
...chus n. sp.		R.		Analogue au T. striatus Linné.
» sp. ?		R.		» au T. annulatus Desh.
...bo sp. ?		R.		T. triangularis Desh. ?
n. sp. ?		R.		Imperforé, conique, strié en spirale.
n. sp. ?		R.		Perforé.
...horbis declivs.	Braun.	R.	f.	Indiqué aux environs du Mans.
...natura pupa.	Nyst.	R. F.	f.	Commun.
...natella sphæricula ?	Desh.	R.	b.	Abondante.
...lets de Bullidées.		F.		
...ma subacuncula.	Nobis.	R.		
...bonilla scalaroïdes.	Desh.	R.	f.	Groupe de la Chemnitzia lactea Linn.
» aonis.	d'Orb.	R.	f.	Fragment.
...nalogyra Bayani.	n. sp.	R.		Voisin du Skenea planorbis.
...stomia nematuroïdes	»	R.		» de O. lubricum Desh.
...atoma Grateloupi.	d'Orb.	R. F. B. H.	f.	? Variété de Melania costellata Lamk.
» inermis.	Desh.	R.	b.	Variété de la précédente ?
...xoa sp. ?		R. F.		Voisine de la H. nana Lamk.
n. sp.		R.		Groupe de la R. inchoata.
...orina sp. ?		B.		Voisine du Dense-striata Desh.
...una eburnæformis.	Sand.	B.	f.	Un exemplaire sénile et un très-jeune peut-être différent.
...ritella fasciata.	Lamk.	R. H.	b.	Remaniée du calcaire grossier ?
» planospira.	Nyst.	R. F. B.	f.	
...rum Edwardsi.	Desh.	R.	f.	
...talium sp. ?		F.		Esp. polygonale, côtes longitudinales.
» sp. ?		R. F. B.		Esp. fissurée, guillochée ou striée en long.
...ptræa labellata.	Desh.	R.	f.	
...ænia sp. ?		R.	b. ?	Voisine du S. Baudoni Desh.
...bula secunda.	n. sp.	B. R. F. H. C. N.	b. ?	Espèce voisine du C. angulata Lamk.
» subpisum.	d'Orb.	B.	f.	2 exempl. seulement.
» pixidicula.	Desh.	R. F. B.	f. b.	Marnes gypseuses parisiennes.
...here Hebertii.	»	R. F. H.	b.	Var.

ESPÈCES.	AUTEURS.	LOCALITÉS.	RAPPORTS.	OBSERVATIONS.
Cyrena semistriata ?	d'Orb.	R. F. H. B. C. N.	f.	Toujours très-brisée.
Cardium Defrancii.	Desh.	R.	f.	Fragment un peu douteux.
Lucina squamosa.	»	R. F.	f.	Petite variété.
» sp. ?		R.		Grande espèce. Diplodonta?
Cardita sp. ?		R. F. H. B. C. N.		Espèce du groupe des Cardites.
» n. sp.		R.		Groupe des Astartoïdes.
Nucula Greppini ?	Desh.	R. F. H.	f.	Le plus souvent brisée.
Leda sp. ?		R. F. H.		Fragments.
Arca. sp.		R. F.		Id.
Mytilus denticulatus.	Lamk.	R.	f.	Deshayes, pl. 75, fig. 21-23, an erro[r]
» sp. ?		R.		Groupe des modiola.
Pecten sp. ?		R. F. B.		Voisin du P. varius Linn. ? très-roul[é]
Ostræa cyathula.	Lamk.	R. H.	f.	Var. minor.
» sonora.	de Gerv.	C.		Groupe de la deltoïdea Lamk.
Anomia sp. ?		F.		Distincte de toutes les esp. parisienn[es]
Cidaris sp. ?		R.		Baguettes subrondes et striées, apla[ties] au sommet.
Sphœnotrochus Rœmeri	Ed. et H.	R. F.	f.	Oligocène d'Allemagne.
Turbinolia sulcata.	Lamk.	R.	b.	Calcaire grossier.
Dactylopora elongata.	Def.	R. F.	f. b.	Sables de Grignon, de Beauchamp d'Étampes.
Acicularia parantiana.	d'Arch.	R.	f. b.	Id.
Biloculina sp. ?		F.		Espèces très-voisines de celle de Beauchamp.
Triloculina sp. ?		F.		»
Quinqueloculina sp. ?		F.		»
Escharellina sp. ?		FR. C.		Groupe de l'Eschara monilifera Edw.
Eschara sp. ind.		R. F.		
Terebripora n. sp.		C.		Sur O. sonora de Gerv.
Clionia cælata ?	Grant.	C.	f.	Id.

Au point de vue paléontologique , la liste précédente offre un haut intérêt ; car on remarque aussitôt un faciès intermédiaire entre la faune de Beauchamp et celle de Fontainebleau. Ce serait donc un horizon très-voisin des couches marines inférieures du gypse des environs de Paris , récemment étudiées par MM. Deshayes , Fabre et Bioche , dont la faune présente le même caractère intermédiaire. Au point de vue géographique , Rauville serait probablement ainsi un rivage Ouest de la mer du Gypse, qui s'étendait jusqu'au Hampshire , contre le massif primaire Breton — Gallois — Irlandais ; c'est , du reste , un sujet sur lequel l'un de nous reviendra ultérieurement avec plus de détails.

DESCRIPTIONS PARTICULIÈRES. — *Amfréville.* — Au lieu dit La Pesquerie , on découvre , dans les fossés du bord du marais, une argile noire plastique qui a été aussi rencontrée sous les deux limons, et sur une épaisseur de 5 mètres, dans un puits foré un peu plus haut, au lieu dit Vau-du-Bosq. Quoique nous n'ayons trouvé aucun fossile dans ces deux gîtes, la couleur du dépôt et sa nature nous ont semblé suffisamment caractéristiques ; nous ne serions pas étonnés d'apprendre sous peu que des Corbules ont été rencontrées aux environs. Le contact inférieur nous est inconnu ; les deux limons, calcaire au sommet, sableux à la base, séparés par un lit de cailloux roulés , s'étendent comme un épais manteau , masquant ici toutes les formations sous-jacentes.

Ajoutons que l'argile Miocène inférieure ne nous a fourni de fossiles que dans l'Ouest du bassin , à partir d'Orglandes , et que, vers l'Est, elle en a toujours paru dépourvue.

Gourbesville. — A 200 mètres Sud-Ouest de l'église , sur la route du lieu Hélène, on rencontre dans le chemin un point extrêmement boueux et humide, dont les fossés sont remplis d'une glaise noire caractéristique ; le calcaire à Milioles se découvre au-dessous, à cent pas plus loin.

Orglandes. — Au lieu dit le hameau Beauvais, sur la route qui va du Sapin-d'Orglandes aux landes d'Hauteville, on trouve dans les fossés du chemin, sur 300 mètres au moins, près de la cote 34, une glaise grise qui renferme de nombreux fossiles bien conservés (*Buccinum*, *Corbula*, *Diastoma*, *Murex*, *Cerithium*, etc.). Sur le même chemin, 100 mètres plus loin, on constate aisément une ancienne exploitation d'une argile noire d'aspect assez singulier, sans fossiles, qui semble au même niveau que le gîte précédent et qui n'est que l'argile à Corbules exfoliée. C'est un gîte bien connu, cité fréquemment par les anciens auteurs, qui disent y avoir trouvé des ossements ; les uns n'ont pu les déterminer et les autres les attribuent à des lamantins ou à des hippopotames !! Nous n'avons trouvé aucun os dans cette formation ; rappelons que ceux que nous avons vus dans les collections nous ont semblé appartenir à la base du limon.

Hauteville. — Aux Landes, à 600 mètres Ouest de la croisière de la route qui va d'Orglandes à Reigueville, et à 50 mètres du chemin, se trouve l'exploitation dite de la Terre à Foulon d'Hauteville.

Nous avons relevé la coupe suivante, très-importante à tous égards :

Limon, diluvium, glaise verte . . . . $4^m,$» »
Argile noire très-plastique avec lits irréguliers fossi-
    lifères (Corbula, Cerithium, Ostrea) . . . . . 1 ,50

Le contact inférieur n'est pas visible ; mais il est à supposer que le calcaire à Milioles, existant à 400 mètres Nord-Est, à la Bassecour, et à une altitude inférieure de 3 à 4 mètres, forme le soubassement général.

Nous avons distingué dans la masse noire , plastique , exfoliée dans les parties récemment tirées à l'air, trois niveaux
fossilifères : le niveau supérieur, composé exclusivement de
coquilles brisées ; le niveau moyen, riche en Cerithium e[t]
en Buccins ; le niveau inférieur, où apparaissent des Ostrea.

La Bonneville. — 1° *Aux Fosses* , les fentes du calcaire
à Baculites , vers l'Est , sont remplies d'argile noire avec
Corbules et recouvertes d'une marne verte avec gravier.

2° *A la ferme même des Fosses,* un puits en construction
nous a fourni la succession suivante :

I. Limon , diluvium , argile verte . . . . . . 1^m »
II. Argile très-noire avec lits de Corbules (lits de
     sables noirs fossilifères à la base et quelques
     blocs noirs pyriteux). . . . . 3 ,» »
III. Calcaire à Milioles tuberculeux. . . . . . » ,50

L'argile recouvrant ainsi tous les dépôts antérieurs et
formant une sorte de revêtement général au sommet du
coteau des Fosses.

Rauville-la-Place. — 1° *Sur St-Clair* , au lieu dit La
Francquevillerie, l'argile noire à Foulon a été constatée dans
un abreuvoir.

2° *Au Moulin-Caffré* , à 350 mètres Ouest , sur la route
de Pont-l'Abbé , les fossés sont remplis d'argile d'un noir-
bleu ou légèrement gris avec fossiles caractéristiques (gîte
du *Cerithium plicatum* de M. Hébert).

3° *Au village Cauvin* , à 50 mètres Ouest du chemin qui
va à la Rue-de-Tourville, dans l'abreuvoir d'un pré appartenant à M. Fauvel , on constate un lit épais de coquilles
répandues dans une argile très-impure , mélée de gravier de
quartz anguleux et roussâtre. C'est un de nos gîtes les plus

importants, découvert par l'un de nous, il y a peu d'années. En outre, à 100 mètres Sud, dans un petit vallon, apparaît une argile noire, très-plastique ; et à 400 mètres encore plus au Sud, sous un bouquet d'une vingtaine de chênes, formant un point culminant, à 50 mètres des anciennes carrières de M. de Gourbesville (dont nous avons parlé à l'article du calcaire à Milioles), on découvre un abreuvoir profond qui fut le gîte type des faluns de Rauville des auteurs. Quelle était exactement la coupe de ce gîte ? Nous n'avons absolument rien pu y voir, sinon un limon très-épais, boueux, d'où partent des plantes aquatiques. Les renseignements de M. Lyell indiquent, mais avec peu de précision, les marnes à *Buccinium prismaticum* du Bosq d'Aubigny sur la marne argileuse, noire. Une confusion du banc inférieur à *Ostrea sonora* avec un banc moyen à fossiles variés a-t-elle été possible ? Nous ne savons.

Les listes données pour cette localité par M. de Gerville sont fort embarrassantes ; l'auteur indique, avec des *Ostrea sonora*, la grosse térébratule des Bohons, des Balanes et la Nassa du Bosq ! Tout cela ne forme pour lui qu'une couche ; est-ce un remaniement à la base du limon, remaniement qui serait exceptionnel ? Est-ce une erreur d'étiquette ? L'indication est cependant précise : « Ferme de M. de Gourbesville, tenue autrefois par le fermier Cadet. »

Enfin, les trois gîtes existent-ils réellement superposés, sans que nous en ayons vu trace dans un espace aussi circonscrit, soit que toutes les couches aient été enlevées par un travail de nivellement ou recouvertes par plusieurs mètres de limon ? Nous ne saurions rien affirmer et de nouvelles recherches sont nécessaires, la question étant réservée.

Néhou. — L'affleurement de l'argile noire fossilifère forme sur cette commune :

1° Une bande Est-Ouest surmontant le calcaire à Milioles est visible depuis La Mulotterie, où le Trias est très-voisin, jusqu'aux Fosses Meslin par les Fosses Launay. Dans ce dernier gîte surtout, l'argile noire à Corbules, bien fossilifère, est très-développée ; nous l'avons vue sur 3 mètres de hauteur environ ; elle surmonte, sans que le contact soit malheureusement observable, le calcaire à Milioles géodique de Néhou ; elle est elle-même couverte par un limon épais. Aux fosses Meslin, quoique moins apparente, l'argile n'est pas moins évidente dans un abreuvoir creusé au sommet d'une des fosses, dans une situation qui indique curieusement la place d'un niveau étanche.

2° Un lambeau, situé à 200 mètres Sud de la ferme de la Clergerie, se voit au fond d'un abreuvoir : l'argile est impure, grise, avec de grandes huîtres plates et des Corbules toujours très-abondantes. La place de ce gîte, qui a motivé la petite boutonnière de Miocène qu'on voit sur notre carte, vers le fond de la vallée, est très-difficile à trouver ; il est recouvert par un limon très-épais, sableux à la base comme le limon qui recouvre le plateau d'Orglandes.

Malheureusement, le rapport de ces gîtes avec le terrain d'eau douce n'est point visible, et nous reconnaissons que, dans un pays aussi peu accidenté, les avis peuvent être partagés.

Tout à fait au Sud de notre bassin, à Houtteville, à 3 kilomètres Sud de Beuzeville-La-Bastille, M. de Gerville a indiqué une argile noire reposant sur le calcaire à Gryphites, dans laquelle il aurait trouvé des fossiles et des os rappelant ceux de la mare de Rauville. Nous avons parcouru le pays sans rien trouver de semblable, et avons seulement constaté, près de l'église, à un niveau assez inférieur, sous un limon très-épais, une marne noire formant des lits dans les calcaires du Lias moyen ; cette marne, qui est peu plastique, renferme des fossiles jurassiques bien caractérisés. Le diluvium présentait de nombreux ossements roulés.

MIOCÈNE MOYEN.

FORMATIONS D'EAU DOUCE DU LUDE (Auct.). — COUCHES FLUVIO-MARINES DU LUDE (Bonnissent). — OLIGOCÈNE MOYEN (Tournouër). — ÉOCÈNE SUPÉRIEUR (Lyell). — MARNES ET CALCAIRES A BITHINIES. — MEULIÈRES A POTAMIDES.

Nous modifierons un peu, pour ce terrain, l'ordre dans lequel nous présentons ordinairement les renseignements généraux, parce que les formations d'eau douce du Cotentin constituent deux groupes naturels distincts par la nature des roches et la faune, comme par leur situation géographique, de telle sorte qu'il n'est guère permis de grouper les détails particuliers à chacun d'eux. Nous étudierons d'abord la région de l'Ouest, connue depuis longtemps par la localité du Lude, qui renferme les dépôts à Bithinies paléontologiquement les plus anciens, pour faire ensuite un chapitre spécial des meulières à Potamides de Gourbesville, à l'Est du plateau d'Orglandes, et dont la faune est un peu plus récente.

I.

Marnes et calcaires à *Bithinia Duchasteli* et à Lignites.

Ces dépôts, d'une puissance maximum de 3 à 4 mètres, furent signalés par M. de Gerville à MM. Desnoyers et de Caumont vers 1825 ; déjà alors, ils n'étaient plus que très-mal observables ; aussi, ne s'étonnera-t-on pas que nous n'ayons pu constater aujourd'hui, à l'endroit fixé, que des vestiges d'excavations importantes, comblées et exactement recouvertes.

Les couches de marnes et de calcaires fragiles d'eau douce de la commune de St-Sauveur-le-Vicomte étaient visibles sur 200 mètres environ, tout au Nord de cette commune, un peu au-dessus du marais, qui la sépare de celle de Néhou, au lieu dit « Les Maslières », indiqué sur notre carte les Basses-Haies, à 400 mètres Sud-Ouest du château du Lude ; en dehors de ces excavations, le terrain d'eau douce se prolongeait à l'Est vers le château même, où nous avons pu constater sa présence dans un abreuvoir creusé au bas d'une prairie attenante au parc ; enfin, quoique la jonction ne soit point visible, le dépôt s'étendait jusqu'au vieux château de Néhou, aux environs duquel nous avons pu relever une coupe très-intéressante.

Sur notre carte, les calcaires et marnes à Bithinies sont donc exclusivement représentés par trois lambeaux teintés de rose aux environs de Néhou et marqués n° 7.

Les données stratigraphiques fournies par ces trois gîtes sont fort insuffisantes. Aux Maslières, les couches à Bithinies reposent sur le gravier triasique et le grès silurien ; au château du Lude, le grès silurien est le soubassement général, et à Néhou, le seul endroit où des rapports avec les autres dépôts tertiaires pourraient être fournis, le sous-sol est caché par un limon épais. C'est donc à la paléontologie qu'il faut recourir pour assigner un âge aux dépôts d'eau douce des environs de Néhou qui, placés hors de la série générale se terminant dans les carrières de Néhou aux marnes à Corbules, en semblent séparés par un laps de temps considérable et un mouvement du sol. Minéralogiquement, la marne à Bithinies est verdâtre, onctueuse, presque sans sable au lavage ; blanchâtre par places (coloration exceptionnelle due à l'accumulation des débris calcaires de la *Bithinia Duchasteli*), elle forme des lits peu épais, alternants avec un calcaire fragile blanc jaunâtre, peu fossilifère en bancs minces, quelquefois si cassants qu'il n'est possible de recueillir qu'une poudre blanche anguleuse. Les lits de lignite sont argilo-sableux et très-minces aussi ; les débris végétaux très-comprimés et méconnaissables, n'ayant laissé aucune empreinte sur le mur ou le toit, cette lignite est une ancienne tourbe formée exclusivement de végétaux aquatiques.

Faune et flore. — Voici les fossiles particuliers à chacun des faciés que nous venons d'indiquer.

1° Marne verte à Bithinies :

Melania inflata Duch. Rare ; coll. Bonnissent.

Bithinia Duchasteli Nyst. C.C. (*Paludina cancellata* Def. ?).

Potamides sp. ? Rare ; coll. Bonnissent.

Cyrena sp. ? Rare ; fragments très-brisés.

Ces espèces sont caractéristiques des sables de Vieux-Jonc dans le Limbourg belge, qu'on s'accorde à mettre au niveau des marnes vertes et du calcaire de Brie dans le bassin de Paris.

2° Lignites :

Najadeœ : Potaqmogeton thalictroïdes Brog. sp. (*Carpolithus*), 2 graines ; coll. Bonnissent.

Nympheœ ? Anectomeria Brogniarti Caspary sp. (*Carpolites ovulum* Brog. pars) ; coll. Bonnissent.

Umbellatœ : Panax orbiculatum Heer (*Peucedanites*). Très-abondant.

Umbellatœ : sp. ? graine à embryon contourné. Commune.

Toutes ces espèces sont de l'âge du calcaire de Brie et de Beauce ; c'est essentiellement la faune des marais du Miocène moyen.

3° Calcaire d'eau douce fragile :

Potamides sp. ? Moule indéterminable.

Bithinia Duchasteli Nyst. Bien reconnaissable à son péristome.

Lymnea sp. ? Échantillon très-déformé.

Chara sp. ? Moule sans empreinte.

Cette faune est d'ailleurs inséparable de celle indiquée pour les marnes n° 1.

Si nous admettons comme démontré le synchronisme des argiles à Corbules et du gypse parisien, quel sera le niveau des marnes à Bithinies ? La paléontologie nous indique évidemment une place supérieure, qui peut être aussi bien contemporaine des marnes vertes, du calcaire de Brie, des marnes à *Ostrea cyathula* que des sables de Fontainebleau. Nous avons donné la préférence au calcaire de Brie, parce qu'il nous a semblé que la *Bithinia Duchasteli* était plus généralement abondante à cette partie inférieure du Miocène moyen. Quoi qu'il en soit, nous ferons remarquer en passant que le Cotentin ne contient pas de type marin des sables de Fontainebleau bien connus dans l'île de Wight et aux environs de Rennes, où ils ont été étudiés récemment par M. Tournouër.

DESCRIPTIONS PARTICULIÈRES. — *St-Sauveur.* — M. de Caumont nous a conservé trois coupes du terrain d'eau douce des Maslières ; prises en différents points de la carrière, elles n'offrent que des différences dues à une dénudation plus ou moins avancée ; nous pouvons les résumer comme suit :

1ª Limon et diluvium, environ.	4ᵐ,00
2° Calcaire fragmentaire jaunâtre, fossilifère. .	0 ,60
3° Marne tourbeuse avec coquilles du calcaire 2.	0 ,20
4° Argile verte très-plastique à Bithinies. . .	0 ,20
5° Argile noire ligniteuse avec graines. . . .	0 ,20
6° Argile verte à Bithinies, visible sur. . . .	1 ,00

On peut encore retrouver aujourd'hui sur place quelques rares débris des couches précitées, mais aucune observation stratigraphique n'est possible.

Néhou. — Sur la route qui va du vieux château de Néhou à St-Sauveur, à la traversée du marais et à quelques mètres en contre-bas du gîte précédent, nous avons pu observer en juin 1874, profitant d'un travail de rectification de cette route, une coupe des plus intéressantes, qui nous a permis de constater par nous-mêmes l'ordre et la nature exacte des dépôts d'eau douce ; on remarquait :

1° Limon et diluvium. . . . . 4^m,00
2° Marne verte ondulée. . . . . 0 ,20
3° Calcaire fragile impur. . . . . 0 ,40
4° Marne verte. . . . . 0 ,20
5° Calcaire d'eau douce. . . . . 0 ,60
6° Marne verdâtre à Bithinies . . . . . . 0 ,60
7° — noire et lignites. . . . . 0 ,20
8° — verte à Bithinies, visible sur. . . . 0 ,20

Cette coupe montre l'alternance des calcaires et des marnes et l'intercalation des lignites à la base des mêmes marnes. L'assise 2 est panachée et de couleur claire ; le calcaire 3 est limoneux et jaunâtre ; la marne 4 est plastique, ces couches ne sont pas fossilifères ; le calcaire 5 est ferrugineux à la cassure, fragile, et ne renferme que de rares fossiles écrasés.

En outre des Bithinies qui abondent dans la couche 6, on y trouve encore quelques lentilles de gypse. Le lit n° 7, qui renferme les végétaux, est un lignite brun-noir, folliacé ; les traces des grosses tiges sont comme carbonisées ; on voit quelques tubes creux et des fibres aplaties avec quelques grains de sable blanc anguleux.

Il ressort des notes de M. de Gerville que ce savant aurait observé les mêmes dépôts un peu plus loin encore, le long du marais, à 500 ou 600 mètres, au Nord du château, au lieu dit « le Val-de-Néhou », toute jonction du côté de l'église de Néhou restant, d'ailleurs, masquée par le fait du dépôt de limon particulièrement épais.

D'après cet ensemble géographique, il paraît résulter que le dépôt d'eau douce inférieur formait un petit bassin, disloqué ultérieurement et dont nous retrouvons des témoins ayant résisté aux dénudations postérieures, tant au Sud qu'à la base du vieux château de Néhou.

II.

Calcaires et Meulières à Potamides.

Les calcaires siliceux, compactes ou celluleux de Gourbesville et d'Orglandes peuvent avoir 2 à 3 mètres au plus d'épaisseur ; signalés par M. de Gerville, cités sans détails par M. de Caumont, ils semblent avoir échappé aux autres observateurs. La stratigraphie de ces dépôts est peu précise ; le contact inférieur est invisible, mais l'espace inconnu en certains points n'excède pas 1^m,50. Le calcaire grossier semble très-rapproché et malheureusement l'argile à Corbules n'est pas visible aux environs. La superposition au calcaire grossier n'est cependant pas douteuse ; mais, pour l'argile à Corbules, rien n'est prouvé. Quoi qu'il en soit, la paléontologie nous vient en aide et nous amène à penser que le calcaire à Potamides est non-seulement supérieur aux argiles à Corbules, mais aussi aux marnes à Bithinies de l'Ouest du bassin. Sur notre carte, les meulières sont teintes de rose et marquées du n° 7 comme les marnes à Bithinies, mais il faut se rappeler que pour les environs de Gourbesville c'est seulement le présent niveau qui existe.

On peut distinguer deux îlots placés l'un sur Gourbesville, l'autre à l'extrémité Est de la commune d'Orglandes, et qui, reliés autrefois sans aucun doute, formaient un lac où pénétraient des sources d'une eau chaude qui déposait la silice qu'elle tenait en suspension. A cet égard, il n'est pas sans intérêt de remarquer que les parties caverneuses, siliceuses, sont moins riches en fossiles que les masses calcaires compactes.

Fossiles.

Mollusques. *Potamides Lamarkii* Brog!., abondant.

Lymnea Brongniarti Desh., Gourbesville.

  »   sp. ? (espèce plus courte).

Bithinia sextomus Lanck.

  »   *helicella* Braun., 1 exemp. silicifié.

  »   N. sp. (voisin du *B. tuba* Desh.).

  »   sp. ? (grande espèce).

Nematura pygmœa Desh., rare.

Végétaux.

Chara Medicaginula Lenn., très-commune.

Cette faune est celle des calcaires de Beauce ; toutes les espèces se retrouvent aux environs d'Étampes dans cette formation qui s'étend jusqu'en Touraine et en Anjou. C'est la partie supérieure du Miocène moyen, d'après la classification que nous avons adoptée, l'oligocène supérieur de M. Tournouër, qui a étudié la même faune dans les calcaires lacustres des environs de Rennes. En outre, l'absence des hélix fait penser que nous avons affaire au sous-étage des meulières de Montmorency. On remarquera qu'aucune espèce n'est commune avec les marnes de Néhou à Bithinies, que c'est bien là un horizon paléontologiquement distinct, et quoique dans quelques localités étrangères on trouve mêlées à la fois les espèces de nos deux niveaux, on est généralement d'accord pour envisager la *Bithinia Duchasteli* comme représentant un horizon plus ancien que le *Potamides Lamarkii*.

DESCRIPTIONS PARTICULIÈRES. — *Gourbesville*. — Au lieu dit La Fosse, et à la ferme de La Godefrayrie, dans toutes

les excavations du haut du coteau qui domine Port-Bréhay,
on remarque sous le limon et le diluvium des blocs énormes
ordinairement disloqués et un peu hors de leur place horizontale, encastrés dans une argile fendillée d'un vert blanchâtre. Se présentant à un niveau bien supérieur au calcaire
grossier à Milioles, ces blocs constituent notre calcaire d'eau
douce à Potamides ; ils sont très-durs, roussâtres et celluleux ;
la cassure affecte une couleur jaune ferrugineux, et ils renferment quelques nids d'argile brunâtre ; c'est un faciès tout
particulier qui appelle de suite l'attention. Nous avons relevé
à La Godefrayrie l'alternance suivante :

1° Argile verte fendillée sans fossiles, dépendant du limon ?
2° Calcaire celluleux fossilifère . . . . 0^m,30

Et à La Fosse :

1° Argile blanchâtre en lit mince ondulé, stérile. 0^m,15
2° Calcaire compacte, dur, fossilifère . . . . . 0 ,20

Orglandes. — Le calcaire d'eau douce apparaît sur la
route de Gourbesville, à un carrefour de trois chemins, à
500^m Sud-Est du château de Croslay, à 300^m Nord un peu
Est des carrières de l'entretenant d'Orglandes, situées au
hameau du « Chef-de-la-Ville. » La coupe suivante était
visible en contre-bas du chemin.

1° Limon supérieur, environ. . . . . 2^m,00
2° Calcaire blanc limoneux, désagrégé, sans fossiles. . . . . 0 ,20
3° Argile plastique bleue ou verte. . . . . . 0 ,20
4° Calcaire d'eau douce très-dur, compacte, roussi
extérieurement avec chara, etc. . . . . . . 1 ,00

Nous ne savons si la couche n° 1 dépend du limon ou du
calcaire d'eau douce ; elle est moisie et marneuse.

L'argile plastique un peu marneuse pourrait être prise, au premier abord, pour une des couches du Lias moyen, très-rapproché en cet endroit. Le calcaire se présente en blocs tabulaires anguleux et très-siliceux; il est fossilifère.

Au *Chef-de-la-Ville* même et à un niveau notablement inférieur, nous avons relevé la coupe suivante dans un abreuvoir récemment creusé.

1° Limon supérieur . . . . 0^m,40
2° Diluvium de cailloux roulés avec ossements. 0 ,20
3° Marne verte panachée de blanc avec blocs de calcaire limoneux, friable, sans fossiles, visible sur. 1 ,50

Enfin, dans la carrière même de l'*Entretenant*, en partie comblée aujourd'hui, nous avons ramassé des blocs de calcaire siliceux, à lymnées, à l'endroit même indiqué par M. de Gerville, qui affirme sa présence au-dessus du calcaire géodique à Milioles.

MIOCÈNE SUPÉRIEUR.

—

TUFS DU SUD DE CARENTAN (Auct.) (pars.). — FALUNS DE ST-ÉBY, NON DE ST-GEORGES-DE-BOHON. — FALUN DE PICAUVILLE (M. de Gerville). — FALUN À BRYOZOAIRES (Nobis.).

Les dépôts isolés, mais identiques, que nous avons réunis sous la dénomination de faluns à Bryozoaires sont l'une des formations les plus curieuses de la Manche. Confondus jusqu'ici avec le dépôt Pliocène à grosse Térébratule de St-Georges-de-Bohon, ils ont été méconnus dans leur faune différente comme dans leurs rapports synchronistiques. L'épaisseur réelle du falun à Bryozoaires est inconnue; car, dans aucune localité, nous n'avons pu constater à la fois les contacts inférieurs et supérieurs; nous la croyons très-variable, selon la dénudation du dépôt lui-même ou le plus ou moins de dépression de la roche préexistante. Dans quelques carrières, nous avons pu évaluer la partie visible à 5 ou 6^m au moins.

Composition minéralogique. — Le falun à Bryozoaires est une roche calcaire, généralement très-tendre, formée par une accumulation de débris roulés de Bryozoaires, d'Échinides, de Mollusques, Foraminifères, Crustacés, etc., cimentés par une pâte calcaire agglutinante ; certains lits consolidés par un ciment siliceux sont plus durs. La couleur générale est blanche ou jaunâtre ; on observe de nombreux pores dans la masse, qui ne présente aucune trace de stratification.

Le falun durcit à l'air et a été employé comme pierre de construction, il y a de longues années ; les lieux d'exploitation de cette pierre sont aujourd'hui pour la plupart abandonnés, les trois ou quatre points encore ouverts fournissent des matériaux meubles pour amendement calcaire. On remarque enfin, en quelques endroits, de petits cailloux roulés de quartz, appartenant aux roches anciennes et remaniés déjà pendant la période triasique.

Stratigraphie. — Les rapports du falun, avec les autres couches de la Manche, sont très-obscurs ; nous savons seulement qu'à Picauville il repose sur le calcaire à Baculites, à très-peu de distance du Lias, et que dans le Sud le soubassement général est le Trias.

Le manteau général supérieur est constitué par la vaste formation limoneuse et diluvienne ; cependant nous sommes portés à croire, par suite de la position en contre-bas du tuf plus récent des Bohons, que le falun à Bryozoaires est raviné par le Pliocène inférieur dont il est séparé par une lacune sensible. Nous pouvons encore ajouter au point de vue géographique que le falun est à l'intérieur de la bordure concentrique des terrains tertiaires plus anciens, tandis qu'il occupe une position circulaire extérieure par rapport aux terrains tertiaires plus récents.

Étendue géographique. — Le falun à Bryozoaires existe, au Sud du bassin tertiaire Nord du Cotentin, sur la commune de Picauville ; ce lambeau est figuré sur notre carte teinté en rose, n° 8. Infiniment plus développé, dans le bassin tertiaire Sud, dont il occupe seul toute la région Ouest, il peut être signalé sur les communes de : St-Ény, Nay, Gorges, St-Germain-le-Vicomte.

Faune. — Le falun à Bryozoaires ne contient guère que des fragments brisés de la population qui l'accompagnait. Quelquefois, se sont des débris tellement roulés qu'ils sont méconnaissables ; le test des coquilles a disparu chez les Lamellibranches et les Gastéropodes. Les Brachiopodes, Bryozoaires et les Échinides peuvent être seuls déterminés.

Nous avons cru reconnaître 42 formes différentes, dont 20 à peine sont déterminables. 18 espèces sont communes aux faluns de la Loire ; aucune ne se retrouve dans les sables de Fontainebleau ou dans les formations plus anciennes. 8 espèces nous ont paru exister également dans les dépôts Pliocènes plus récents, mais elles se rapportent à une série de types de grand fond plus caractéristiques aujourd'hui d'un faciès, d'un milieu profond, que d'un horizon stratigraphique bien déterminé. Aucune hésitation synchronistique n'est, d'ailleurs, possible ; c'est bien là l'ensemble Miocène supérieur (Nobis.), le Miocène propre de quelques-uns, le type Falunien d'Orbigny.

Nous devons rappeler, au sujet de l'âge des tufs du Sud de Carentan, question aujourd'hui résolue par la paléontologie,

les opinions des auteurs qui nous ont précédés. M. de Caumont a envisagé les dépôts de St-Ény et de St-Georges
comme contemporains ; ce sont, à son avis, deux faciès
distincts d'un même dépôt. M. Desnoyers, avec son coup-
d'œil sagace, a indiqué le falun blanc comme plus ancien
que le conglomérat rouge, mais sans y voir les types de deux
formations différentes. M. Bonnissent a été d'un avis opposé ;
il a écrit que le tuf à Térébratules était le plus ancien, sans
fournir de preuves à l'appui de son dire. Enfin, M. Tournouër, visitant en 1868 le gîte de St-Georges, sans savoir
que celui de St-Ény était différent, y a cru voir, comme les
précédents explorateurs, l'équivalent des faluns de la Touraine.
Nous pensons maintenant que le falun blanc à Bryozoaires de
St-Ény est le seul qui corresponde exactement aux faluns de
l'Anjou et de la Touraine, et que le dépôt de St-Georges-de-
Bohon, de niveau supérieur quoique très-rapproché par les
conditions physiques de formation, est très-différent.

Le synchronisme des faluns à Bryozoaires de la Manche
avec ceux de l'Ouest ne saurait être douteux, à défaut même
de rapports paléontologiques ; les analogies minéralogiques
sont si évidentes qu'elles avaient déjà frappé les anciens
auteurs. Dès 1824, avant le mémoire de M. Desnoyers,
M. A. Durau présentait à la Société Linnéenne de Normandie
un travail sur le parallélisme des falunières de Pont-Leroy
(Loire-et-Cher), Savigné (Indre-et-Loire), St-Juvat (Côtes-
du-Nord), avec celles de Carentan, St-Ény, dans lesquelles
il comprenait malheureusement le tuf à Térébratules. Ainsi,
la mer des Faluns occupait une très-grande partie du bassin
de la Loire et, comme l'indiquent les témoins de Rennes,
St-Juvat, etc., gagnait le Cotentin, en submergeant sous
une très-grande profondeur peut-être la Bretagne tout entière. Au contraire, les faunes littorales de l'Est marquent le
rivage de cette même formation du côté du plateau central.

	ESPÈCES.	AU[...]
Poissons.	Lamna compressa.	Ag.
Crustacés.	Pinces de crustacés. Balanus sulcatinus. Cythere n. sp. » sp. ?	Nys[...]
Gastéropodes.	Natica. Trochus.	
Lamellibranches.	Cardita monilifera ? Arca sp. ? » sp. ? Nucula sp. ? Pecten pusio. » sp. ? » n. sp.	Duj[...] Lam[...]
Brachiopodes.	Thecidæa testudinaria. Rhynchonella miocœnica. Terebratulina sp. ? Crania Hæninghausi.	Mic[...] Toul[...] Mic[...]
Echinides.	Psammechinus monilis. » sp. ? Astropecten sp. ?	Des[...]
Bryozoaires.	Scrupocellaria n. sp. Crisia Hœrnesi. Salicornaria farciminoïdes ? Membranipora andegavensis ? » sp. ? Celleporaria palmata. Reptocelleporaria parasitica.	 Rem[...] Bus[...] Mic[...] Mic[...]

...OZOAIRES.

TOURAINE.	CRAG.	OBSERVATIONS.
+		
+		Voisine de C. angulatopora Reuss. Cornueliana ? Var.
		Moules indéterminés.
		»
+		Moule et empreinte. Grand moule. Esp. quadrilatère. Moule.
+	+	Esp. sublisse. Esp. à côtes très-lamelleuses.
+		T. dedalæa Millet ? R. Nystii Daw.
+		
+		
+		Fragments d'une très-grande espèce.
?	?	Osselets.
		C. eburnea var. ?
+	+	(Cellaria) var. Miocœnica nobis. Eschara.
+	+	Très-belle espèce. Cellepora.
+		
+	+	Id.

Picauville. — S. St-Ény.

	ESPÈCES.	AUT
Bryozoaires.	Eschara pertusa.	Edw
	» Deshayesi.	»
	» monilifera.	»
	» n. sp.	
	Melicertites micropora.	n. s
	Vincularia sp. ?	
	Hornera striata.	Edw
	» reteporacera.	»
	Idmonea. 2 esp. ind.	
	Meandrina cerebriformis.	Bla
	Defrancia fungicula.	Mic
	Heteropora simplex.	Mic
Foraminifères.	Nubecularia Defrancii.	n. s
	Bulimina sp. ?	

TOURAINE.	CRAG.	OBSERVATIONS.
+ +	+	
+ +	+	Escharellina d'Orb.
+	+	
+ +	?	(Fascicularia).
	?	Synonymie très-confuse.
+	+	(Chœtetes-Ceriopora).
		Espèce figurée par Carpenter ?

DESCRIPTIONS LOCALES. — *Région du Nord.* — *Picauville.* — Nous connaissons deux points de cette commune où le falun est visible :

1° *Hameau de l'Angle.* — A 600ᵐ Nord de la grande route qui va de Chef-du-Pont à St-Sauveur, peu après la montée qui termine le marais du Merderet, on rencontre, à l'encoignure gauche du chemin, des pièces dénivelées dans lesquelles le falun a été autrefois extrait. Les Échinides et les Rhynchonelles y abondent, la roche blanche est très-tendre à la base, puis durcie vers le sommet, rougeâtre et comme agglutinée par les eaux venant du limon. Le falun est visible sur 2 à 3ᵐ d'épaisseur en cet endroit, le limon supérieur seul le surmonte.

2° *Hameau du Sort.* — Ce gîte, situé à 500ᵐ Est du précédent, est un peu difficile à trouver, quoique le falun y soit assez largement exploité ; il est dans le fond de la cour d'une maison, au coin du chemin qui conduit au hameau des Ais.

On y remarque l'abondance extrême des Bryozoaires et l'absence du limon inférieur, qui manque déjà dans le gîte précédent. La surface du falun est profondément ravinée par un diluvium de 0,20ᶜ renfermant des os de ruminants et placé à la base d'un limon brunâtre de 2ᵐ à 2ᵐ,50ᶜ. La masse même de la roche est d'un blanc jaunâtre et très-poreuse ; quelques bancs agglutinés horizontalement semblent avoir été durcis postérieurement par des infiltrations d'eaux ; la puissance est de 3 à 4ᵐ. L'exploitation a pour objet l'amendement des sols voisins.

Région du Sud. — Tous les gîtes connus de cette région sont placés à l'Est de la grande route qui va de Périers à Carentan, sur les bords du marais de la Sève.

1° *Commune de Gorges, hameau du Hommet.* — Le falun est visible à droite de la route, peu au-dessus du marais.

2° *Commune de Nay.* — Le gîte est situé près du cimetière de l'église, peu au-dessus du niveau du marais.

3° *Commune de St-Germain-le-Vicomte.* — M. de Gerville indique un lambeau de tuf au Nord de la commune sans que nous ayons rien découvert.

4° *Commune de St-Ény.*

A. *La Maugerie.* — Traces d'anciennes exploitations ; nous en avons rencontré quelques débris épars. Ce gîte se prolonge jusqu'au centre même du bourg de St-Ény ; car, au bord de la grande route, on a rencontré le tuf dans un puits que nous avons déjà signalé précédemment.

B. *Ferme de Longueville et la Gilotterie.* — Anciennes carrières où rien n'est plus visible.

C. *Bléhon.* — Nous avons pu relever, dans une exploitation encore ouverte, la coupe suivante :

1° Limon supérieur . . . . 2^m,00
2° Diluvium. . . . . 0 ,20
3° Falun assez dur, partie visible . . . . . 2 ,50

Quelques bancs de ce falun sont délités et riches en Bryozoaires, Balanes, Brachiopodes, avec quelques moules de Gastéropodes et de Bivalves. Le falun doit occuper une surface assez considérable jusqu'à la ferme de Ruffoville ; car, dans le chemin qui conduit à la carrière, on trouve des affleurements sur plus de 200^m. Vers Primehou, de l'autre côté du coteau, le limon a 8 à 10^m d'épaisseur ; partout, en effet, dans cette région, le diluvium, reposant sur le Trias aux dépens duquel il s'est formé, est très-difficile à distinguer du sous-sol.

Sur quelques points, le falun était, paraît-il, assez agglutiné pour servir de pierre de construction ; M. Bonnissent rappelle que la cathédrale de Coutances a été bâtie avec ce falun. Nous avons pu constater nous-même, à bien des reprises, que nombre de cercueils anciens avaient été taillés dans cette roche qui durcit notablement à l'air, tout en conservant une certaine légèreté due à sa porosité même.

CHAPITRE IV.

TERRAIN TERTIAIRE.

—

PLIOCÈNE.

—

TUFS DU SUD DE CARENTAN (pars.). — TUFS À TÉRÉBRATULES DES BOHONS. — DÉPÔTS RÉCENTS DU BOCQ D'AUBIGNY, ETC.

Te que nous l'avons limité, le Pliocène forme deux couches bien distinctes ayant même des caractères si différents que nous aurions hésité à les réunir, si les assimilations paléontologiques, avec des formations semblables d'Angleterre et de Belgique très-voisines entre elles, ne nous y eussent forcés. Ce sont :

A la partie supérieure, les marnes à Nassa du Bosq ;

A la partie inférieure, le conglomérat à Térébratules des Bohons.

Cette dissemblance de nos dépôts pliocènes est due aux

circonstances différentes qui ont présidé à leur formation ; le dépôt à Térébratules est de grand fond, les marnes à Nassa sont essentiellement de rivage. Les rapports des deux faunes sont même, au point de vue naturel, si éloignés, qu'on pourrait presque dire que le tuf à Térébratules est plus rapproché des faluns et les marnes à Nassa sont plus voisines de la faune actuelle, que le tuf à Térébratules n'est lié aux marnes à Nassa, tant est grande l'importance de la profondeur sur le faciès général de la vie animale. Mais on peut objecter avec raison que la lacune zoologique assez sensible qui existe entre le Miocène supérieur et le Pliocène inférieur a d'autant plus de valeur de délimitation qu'elle se manifeste entre deux dépôts successifs formés dans les mêmes conditions.

La faune du Pliocène est différente de celle du Miocène à laquelle elle est liée par son faciès de mer plus froide ; elle est distincte de la période actuelle, dont elle n'est peut-être qu'une dépendance, par un ensemble plus méridional que n'est la faune contemporaine de la Manche.

L'étendue géographique du bassin Pliocène est très-limitée. On comprenda cependant le grand intérêt de l'étude que nous allons présenter isolément sur chacune de ces formations, quand on saura que les dépôts Pliocènes de la Manche sont les seuls de cet âge dans le bassin tertiaire Nord de la France, les seuls points de repère entre les sables d'Anvers en Belgique, ceux du Suffolk, en Angleterre, et les marnes sableuses subapennines.

Stratigraphie. — Le contact supérieur du Pliocène dans la Manche est aussi mal défini que la jonction inférieure ; il ne nous a pas été possible d'établir les rapports réels avec le limon inférieur très-épais et varié dans la région. La faune des marnes à Nassa est même si voisine de la faune actuelle que nous serions tentés d'y voir un rivage contemporain de la formation du limon inférieur. Mais ces considérations trouveront mieux leur place dans les deux chapitres qui vont suivre sur chacune des parties du Pliocène.

PLIOCÈNE INFÉRIEUR.

CONGLOMÉRAT ET TUF A TÉRÉBRATULES DE ST-GEORGES DE BOHON. — TUFS DU SUD DE CARENTAN (Purs.).

Le sable ferrugineux avec graviers, inégalement cimenté, que nous nommons Conglomérat des Bohons peut avoir 6 à 8^m dans sa plus grande épaisseur. Visité par un grand nombre de géologues et très-anciennement connu, le gisement de St-Georges a été autrefois réuni au falun de St-Ény et considéré comme Miocène ; il a été observé par M. Lyell, vers 1840, et plus récemment encore par divers autres géologues, qui ont envisagé l'âge Miocène comme hors de discussion. — Nous sommes arrivés par l'étude de la faune à une autre manière de voir ; nous croyons pouvoir démontrer que la faune du Tuf à Térébratules est plus récente que celle du falun à Bryozoaires incontestablement Miocène, et, dès lors, que nous sommes en présence d'un faciès Pliocène ancien bien caractérisé.

Le contact inférieur n'est pas visible ; si nous supposons que le tuf à Térébratules a raviné le falun, c'est surtout à cause de sa situation relative, car il lui semble comme accolé latéralement. Le contact supérieur nous a de même échappé, mais M. Bonnissent affirme que les marnes à Nassa reposent par dessus, et son dire est ici justifié par l'étude paléontologique. Le conglomérat à *Terebratula grandis* est localisé sur les bords Ouest de la Taute, à l'Est de la grande route qui va de Carentan à Périers. Nous n'avons vu ce dépôt que sur la commune de St-Georges de Bohon ; mais M. de Gerville l'indique encore, et on peut l'en croire, sur les territoires contigus d'Auxais, de St-Ény et de St-André-de-Bohon.

Gîtes de la commune de St-Georges. — 1° Le gîte le plus remarquable est situé sur le bord du chemin vicinal qui, de St-Georges, va rejoindre au Nord la route de Carentan ; il se montre sur 300 à 400ᵐ, à la sortie même du village, adossé à l'Ouest contre un petit mouvement de terrain. Le talus Ouest présente la coupe suivante :

1° Limon supérieur très-ferrugineux 0ᵐ,40
2° Cailloux roulés et tuf remanié. . . . . . 0 ,10
3° Conglomérat sableux, ferrugineux, à Térébratules. . . . . 2 ,00

En contre-bas, vers l'Est, le dépôt apparaît sous la route où il a été autrefois exploité (une galerie a même été poussée sous le vicinal) ; la masse inférieure est parfaitement semblable à celle du talus et peut avoir de 5 à 6ᵐ de puissance. On y voit des débris concassés de coquilles d'huîtres et de térébratules orientés par densité dans certaines zones, des cailloux de quartz qui varient de la grosseur d'une tête d'épingle à celle du poing (le plus grand nombre ne dépasse pas la dimension d'une noisette), et sont réunis par un ciment siliceux formant enduit ferrugineux à la surface de tous les corps. Un grand nombre de ces matériaux ont été empruntés au Trias, et sont des galets siluriens remaniés.

Des coquilles de Gastéropodes et de Lamellibranches apparaissent parfois dans la masse ; mais elles se réduisent en poussière au moindre contact.

2° Plus bas, vers le marais, sur l'emplacement d'une source, à gauche d'un petit vallon, le tuf apparaît avec les mêmes caractères.

3° Au cimetière de St-Georges, on trouve de nombreux blocs de tufs qui attestent le voisinage de la roche à une faible profondeur ; c'est au presbytère, non loin de là, que M. Bonnissent signale les marnes à Nassa comme recouvrant le tuf ferrugineux (1).

Faune. — Les auteurs n'ont guère signalé à St-Georges qu'une grosse Térébratule indéterminée et des valves d'huîtres. M. Bonnissent cite une douzaine de genres sans spécifications ; M. Lyell annonce 14 espèces dont il ne donne pas la liste ; M. Tournouër, enfin, indique *Pecten striatus* et *Pecten ventilabrum* avec doute. Nous avons collectionné une trentaine de formes dont 22 nous ont semblé déterminables, et à propos desquelles nous nous sommes livrés à une enquête minutieuse. Sur ce nombre, 5 espèces appartiennent également au falun Miocène, aucune ne fait partie de la faune des marnes à Nassa, mais 12 sont encore vivantes. Bien des trouvailles et des comparaisons restent encore à faire, et ces nombres ne peuvent être considérés que comme provisoires.

14 espèces marquées C (2ᵉ colonne) se retrouvent dans le Coralline crag.

5	»	R	»	»	le Red crag.
2	»	N	»	»	le Norwich crag.
2	»	D (3ᵉ colonne)		»	les sables noirs d'Anvers.
2	»	I	»	»	les sables gris à Isocardia.
3	»	T	»	»	les sables aunes à Trophon.

(1) *Essai géol. sur le départ. de la Manche*, p. 590.

8 espèces marquées S (4ᵉ colonne) se retrouvent dans le Subapennin
d'Italie.

9   »   M (5ᵉ colonne) sont encore vivantes dans la Méditerranée.

6   »   C   »   »   dans la zone
celtique.

5   »   B   »   »   dans la zone
boréale.

(1) Quelques mots sont nécessaires sur ce fossile qui possède une
synonymie très-étendue, et dont la place dans la série zoologique a
été l'objet de bien des contestations et des méprises. Il semble résulter
de l'ensemble des documents récents que nous avons consultés, que la
Terebratula grandis Blumenbach est incontestablement la *Terebratula
ampulla* Brocchi, et qu'avec des modifications difficiles à fixer, elle
se rencontre dans les niveaux suivants :

1° Dans tout l'oligocène de l'Allemagne du Nord (Dʳ Wiechmann.
— Procès-verbal. Séances Soc. Mal. de Belgique, 12 avril 1874).

2° Dans le miocène belge (sables diestiens , sables d'Edeghem, sables
noirs d'Anvers), sous le nom de T. Sowerbyana Nyst.

3° Dans les Faluns de la Loire, sous le nom de T. Perforata Du-
jardin, figurée d'après un exemplaire des environs de Nantes, par
E. Deslongchamps, dans ses « Brachiopodes nouveaux et peu connus »
1869.

4° Dans le Coralline crag d'Angleterre (T. Variabilis Sowerby).

5° Dans le Red crag de Suffolk, où elle est peut-être remaniée de
Coralline crag.

6° Dans les Marnes subapennines d'Italie.

Il paraît aujourd'hui certain qu'elle n'existe point en place dans e
Scaldisien d'Anvers (sables gris et jaunes), (Cogels. Soc. Mal. de
Belgique, 1874. Sur le gîte de *T. grandis*). Les échantillons jeunes
sont très-différents des échantillons adultes ; chez eux, le crochet est
beaucoup plus fort et le sinus des valves très-peu sensible ; une comparaison générale des types en nature de chaque contrée reste encore
à faire.

ESPÈCES.	AUTEURS.	FALUNS.	ANG[L.]
Balanus circinatus.	Def.		
Turritella.			
Cerithium.			
Chemnitzia.			
Buccinum.			
Cardita sp. ?			
Astarte nitida ?	Sow.		
Arca diluvii ?	Lamk.		
Nucula sp. ?			
Lima hians.	Linné.		C.
Pecten pusio.	»	+	C.
» ventilabrum.	Gold.		
» sp. nova ?			
Ostrea edulis.	Linné.		C.
Crania anomala.	Mull.		
Thecidea Mediterranea.	Risso.		
Terebratula grandis.	Blum.	+ ?	C.
Prammechinus Woodwardi.	Des.		R.
Balanophyllia calyculatus.	S. W.		C.
Sphænotrochus intermedius.	Edw. et H.	F.	C.
Flabellum Michelini.	Edw. et H.		
Salicornaria sinuosa.	Hassel.		C.
Escharellina monilifera.	Edw.	+	C.
Melicerites Charles Worthi.	»		C.
Retepora Beaniana.	King.		C.
Celleporaria coronopus.	Wood.		C.
Reptocelleporaria tubigera.	Busk.		C.
Defrancia proligera ?	»	?	C.
Hornera infundibulata.	»		C.
» striata.	Edw.	+	C.

TÉRÉBRATULES.

ITALIE.	MERS ACTUELLES.	OBSERVATIONS.
		Fragments indéterminés.
		»
		»
		»
		Voisine de la Calyculata.
	M.	
		N. Nucleus ?
‡	B. C. M.	
	C. M.	Hinnites striatus Sow.
		Loc. ?
		Très-belle espèce.
‡	C. M	O. ungulata Nyst.
	B. C.	Inconnue fossile auparavant.
‡	M.	
		(1) Voir la note page 153.
	M. ?	
	M.	(Porcupine).
‡	?	F. Appendiculatum var. ?
	M.	Cellaria fistulosa Linn. var. ?
		(Eschara).
?	B. C. M.	
	B.	(Cellepora).
‡	B. C.	(Id.).
	M.	(Patinella ?).

Il semble donc que c'est avec le Coralline crag d'Angleterre que le conglomérat à *Terebratula grandis* du Cotentin a le plus d'affinités ; toutefois, nous devons faire remarquer que c'est surtout à leur origine de mer profonde, qui est la même pour les deux dépôts, qu'est due principalement la ressemblance des faunes et que nous ne saurions préjuger de l'identité des rivages en présence de l'identité des fonds ; car ceux-ci ont, en général, bien plus longtemps duré que les premiers, et ils ont pu assister sans changement à de nombreuses modifications latérales. L'abondance relative des espèces encore vivantes nous fait pencher vers le niveau du crag rouge inférieur avec un faciès plus méridional qu'aucun autre du bassin tertiaire Nord. C'est pour nous essentiellement un ensemble Pliocène inférieur profond.

PLIOCÈNE SUPÉRIEUR.

MARNES A NASSA DE SAINT-MARTIN D'AUBIGNY. — MARNES PLIOCÈNES DE BOSQ (Auct.). — NORWICH CRAG. — CHILLESFORD SAND AND CLAY.

Les marnes à Nassa signalées vers 1830 à M. de Gerville, par un de ses amis, juge de paix à Saint-Lo, au moment de l'ouverture de la grande route allant de cette ville à Périers, ont été étudiées d'abord par M. E. Deslongchamps père, qui donna, en 1832, une liste des espèces rencontrées dans le tome VIII des *Mémoires* de la Société Linnéenne de Normandie ; puis par M. Hébert qui, en 1848, présenta à la Société Géologique de France une note paléontologique sur la faune de cette couche. Depuis cette époque, à part une courte étude stratigraphique de M. Bonnissent, nous n'avons plus à signaler qu'une nouvelle liste de fossiles publiée par M. Bell, en 1872, dans le *Géological Magazine*.

Les marnes à *Nassa prismatica* du Bosq peuvent avoir 5 à 6 mètres d'épaisseur ; leur contact inférieur ne nous est connu sous aucun point, mais M. Bonnissent les indique comme nettement supérieures au tuf à Térébratules, leur situation au-dessus des faluns ne semblant du reste pas être douteuse ; le contact supérieur se confond avec le limon et le *diluvium*, il est parfois si intime qu'il est impossible de l'indiquer nettement.

Les marnes à Nassa apparaissent sur les communes de St-Martin-d'Aubigny, Feugères et Marchesieux ; elles sont surtout développées au lieu dit Le Bosq, sur la première de ces communes, à 2 mètres à peine au-dessus du marais de Saint-Clair, à 7 kilomètres de Périers, et se voient sur le bord de la route de St-Lo, pendant une longueur de 3 à 400 mètres, à la descente du marais. C'est une marne grise ou verdâtre, impure, quelquefois plastique et argileuse, d'autres fois limoneuse et très-calcaire. Les Nassa abondent dans les fossés du chemin et dans les excavations d'où la marne a été autrefois extraite et qui sont fort voisines. Des concrétions calcaires attribuables à une algue sont aussi très-communes.

Il est possible que de nouvelles recherches locales fassent découvrir le même dépôt vers Rémilly, Tribehon et Carentan ; car si nous en croyons des renseignements manuscrits de M. Bonnissent, on aurait, au fond d'un puits creusé à la Joubardière, rencontré sous 10 mètres de limon, une argile à *Buccinum*, *Cypræa*, etc. Ainsi, à l'époque Pliocène, la mer présentait une étendue très-sensiblement comparable à son étendue actuelle ; le pays occupé par les marnes à Nassa représentant environ la surface des grands marais du Grand-Vey. Il suffirait pour cela que le niveau général du pays ait été de 2 à 3 mètres inférieur au niveau moyen actuel de la mer.

Paléontologie. —Nous donnons ci-après la liste des espèces rencontrées dans les marnes à Nassa ; nous nous sommes appuyés pour l'établir tant sur nos recherches personnelles que sur les listes déjà publiées par MM. Hébert (1), Bell (2) et E. Deslongchamps père (3).

Nous comptons 53 espèces , dont 43 sont déterminées spécifiquement. Parmi ces dernières : 21 sont communes avec le crag corallin , 26 avec le crag rouge , 22 avec le crag supérieur et 11 espèces se rencontrent dans les sables noirs miocènes d'Anvers. Mais , 20 espèces appartiennent aux sables moyens et 24 aux sables supérieurs de cette dernière localité ; 30 espèces se retrouvent dans le Subapennin d'Italie et 20 sont encore vivantes dans la Méditerranée. Ces derniers nombres nous semblent l'emporter sur les précédents à plusieurs points de vue : d'abord, par la présence d'espèces bien franchement méridionales ; ensuite par la prédominance, dans les espèces communes, du groupe des Gastéropodes plus caractéristiques dans la spécification.

Nous considérons donc notre dépôt du Cotentin comme un faciès du Pliocène supérieur, intermédiaire, quant à la faune, comme il l'est au point de vue de la situation géographique , entre le Crag rouge supérieur d'Angleterre et le Subapennin d'Italie. Ce serait aussi un point contemporain des Dunes des Landes les plus anciennes.

(1) *Bulletin* Société Géologique de France , 1848.
(2) *Geological Magazine* , 1872.
(3) *Mémoires* de la Société Linnéenne de Normandie, tome VIII.

— 159 —

Explication des signes :

1° H. Espèce indiquée par Hébert.
   B. Espèce indiquée par Bell.
   N. Espèce trouvée par nous.
   D. Espèce indiquée par Deslongchamps.
2° C. Crag corallin.
   R. Crag rouge.
   S. Crag de Norwich.
3° D. Sable noir Diestien.
   I. Sable à Isocardia Cor.
   T. Sable à Trophon Antiquus.
4° + Espèce du Subapennin d'Italie.
5° Espèces suivantes : M. Zone Méditerranéenne.
                        C. Zone celtique.
                        B. Zone boréale.

(1) Nous avons longtemps hésité pour déterminer spécifiquement la
Nassa si commune au Bosq, et ce n'est qu'après une comparaison
attentive avec les types de tous les terrains tertiaires du Muséum que
nous avons pris un parti. Nous croyons que c'est bien la *Nassa prismatica* de Brocchi, dont les figures de la *Conchiliologia Subapennina*
ne représentent qu'une variété à suture profonde ; d'un autre côté,
nous ne saurions voir de différence entre nos échantillons et la *Nassa
reticosa*, variété *costata* (S. Wood), espèce du crag rouge d'Angleterre.
Nous n'ignorons point cependant que M. Deshayes a trouvé dans
notre espèce des caractères suffisants pour constituer une espèce particulière qu'il a nommée *Nassa Aubigniense*. M. C. Mayer a cru pouvoir
assimiler la *Nassa Primatica* à la *Nassa Limata* (Chemnitz), espèce
vivante méditerranéenne qui n'est peut-être qu'une variété, mais nous
n'avons pas osé aller aussi loin et nous gardons jusqu'à plus ample
informé le nom imposé par le savant naturaliste italien Brocchi.

TABLEAU DES FOSSILES

NOMS.	AUTEURS.	AUTORITÉS.	ANGL
Voluta Lamberti.	Sow.	D. B.	C.
Trophon gracile.	Da Costa.	D.	C.
Murex exculpta.	?	D. ? B.	
Nassa propinqua.	Sow.	H. B.	R.
» prismatica (1). V. page précédente	Brocchi.	D. H. B. N.	R.
» proxima.	?	B.	
» granulata.	Sow.	H. B.	C.
» gibbosula.	Brocchi.	B.	
» conglobata.	»	D.	R.
Columbella n. sp.		H.	
Cypræa sp. ?		D. H.	
Acteon gracile.	E. Sism.	H.	
Ringicula buccinea.	Desh.	D. N.	C.
Cerithium tricinctum.	Linn.	H. B.	R.
» scaber.	Olivi.	D. ? H. ? N.	R.
Chemnitzia gracilis.	Brocchi.	B.	
Turritella vermicularis.	»	B.	
» sp. ?		D. ? N.	
Trochus zizyphinus.	Sism.	B.	C.
» bullatus.	Ph.	B.	C.
Eulima sp. ?		B.	
Natica millepunctata.	S. Wood.	B. N.	C.
» proxima.	»	B.	C.
» hemiclausa.	Sow.	D. H. B. N.	R.
» helicina.	Sism.	B.	D.
» striata.	?	D.	
Turbo excavata.	?	B.	
Patella sp. ?		B.	
Dentalium sp. ?		H.	
Crepidula unguiformis.	Lamk.	H. B.	
» gibbosa.	Def.	B.	
Calyptræa sinensis.	Linn.	D. H. B. N.	C.
Solen sp. ?		B.	
Thracia pubescens.	Pult.	B.	C.

...INES A NASSA DU BOSQ.

GÉN.	ITALIE.	MERS ACTUELLES.	OBSERVATIONS.
	+	Mexique ? M. C. B.	Fusus corneus ? n. sp. ? (Bell.)
	‡	M.	N. reticosa var. Costata Wood.
	‡	Afrique.	
			Trivia Europæa ?
T.	‡	M.	Auricula ringens.
		M.	
	+		Elegantissima var. ?
	++		T. incrassata Sow. ? ou T. varicosa Brocc. ?
	++	M. C. B.	
T.	+	M. ?	N. cirriformis var. ?
	+		
	+		
	‡	M. C. M.	
T.	‡	M. C.	C. Trochiformis Desl.
		M. C.	Th. Dubia Desh. ?

NOMS.	AUTEURS.	AUTORITÉS.	ANGL
Mactra subtruncata.	Mont.	H. B. N.	R.
» arcuata.	Sow.	H. B.	C.
» ovalis ?	»	D.	C.
Corbula gibba.	Brocc.	D. ? H. B.	C.
Cytherea sp. ?		D. ? B.	
Kellia ambigua.	Nyst.	B.	C.
Axinus flexuosus.	S. W.	H. B.	S.
Astartea Omaliusi.	Lajonk.	B.	C.
» mutabilis.	S. Wood.	D. ? H. B.	C.
Lucina borealis.	Linn.	D. H. B.	C.
Leda pella.	Linn.	B.	
Nucula nucleus.	»	D. B. N.	C.
» lævigata.	Sow.	H. B. ?	C.
Pectunculus sp. ?		D.	
Venericardia Jouanneti ?		D. B.	
Cardium edule.	Linn.	H. ? N.	C.
Ostrea edulis.	»	D? H. B. N.	R.
Pecten opercularis.	»	B.	C.
» Phillipsii.	Mich.	B.	
Baguettes d'Echinocyamus.			
Algue calcaire ind.			

	ITALIE.	MERS ACTUELLES.	OBSERVATIONS.
	+	M. C.	
		C. B.	M. solida var. ?
	+	M. C. B.	
			C. semisulcata ?
	+	M. C. B.	
	+	M. C. B.	L. radula Lamk. ?
	+	M.	
		M. C. B.	
			Grande espèce.
			V. senilis ? ?
	+	M. C. B.	
	+	M. C.	
	+	M. C. B.	
	+	M.	

CHAPITRE V.

TERRAIN QUATERNAIRE.

—

LIMONS, DILUVIUM, TERRE VÉGÉTALE.

Les terrains superficiels qui s'étendent indistinctement sur toutes les formations antérieures, dans la région tertiaire du Cotentin, peuvent se diviser, comme il suit, d'après leur ordre d'apparition, et en commençant par les plus récents.

IV. Terre végétale. — Marais.

III. Limon supérieur fertile, calcaire.

II. Gravier diluvien à cailloux irréguliers.

I. Limon inférieur sableux, stérile.

Les anciens auteurs ont fort peu étudié le quaternaire du Cotentin; pendant longtemps, soit difficulté du sujet, soit ignorance de l'intérêt que son étude pouvait présenter, les dépôts diluviens récents ont été négligés. M. Bonnissent a le premier compris l'importance du limon, et le chapitre qu'il lui a consacré, quoique l'un des derniers du livre, est l'un des mieux travaillés et des plus intéressants; il a distingué nettement le faciès argileux du limon inférieur des formations tertiaires sous-jacentes et il a annoncé, comme appartenant au diluvium, les ossements roulés signalés comme tertiaires par les anciens auteurs.

Les quatre formations que nous venons d'indiquer présentent deux groupes bien distincts, les assises IV et II dépendant de l'assise III et l'assise I constituant une formation bien nettement indépendante.

I.

Limon inférieur, sableux, stérile.

Cette formation, presque spéciale à la région tertiaire de la Manche, qu'elle semble avoir peu débordée, possède un aspect caractéristique : ce sont des sables assez fins, à grains anguleux de quartz ferrugineux, d'un jaune rougeâtre, meubles, sans fossiles, sans cailloux dans la masse principale, immédiatement reconnaissables. Les sables inférieurs reposent sur les dépôts plus anciens sans presque les raviner ; ils sont, par contre, très-profondément ravinés et corrodés par le Diluvium au sommet. Très-épais en certains endroits, et notamment sur le plateau tertiaire d'Orglandes, ils manquent parfois totalement et généralement sur les pentes, vers les vallons et les ruisseaux. Nous pouvons dire que c'est, en exceptant les marais, leur étendue même qui est figurée comme limon sur notre carte (Q) ; car si nous avons pu faire parfois abstraction du limon supérieur et de la terre végétale uniformément répandus, nous avons dû conserver les sables en question presque partout où ils se présentaient, car leur puissance masquait absolument et invariablement le sous-sol.

Nous ne serions pas éloignés de penser que les sables ferrugineux inférieurs au limon fertile constituent, par l'ensemble de leurs caractères, une formation géologique spéciale, une formation de dune littorale, un cordon côtier ancien du golfe du Cotentin.

Descriptions locales. — Nous avons pu relever à *Amfréville* la coupe suivante :

1° Terre végétale 0ᵐ,15
2° Limon calcaire. . . . . 0 ,80
3° Diluvium à cailloux roulés. . . . . 0 ,20
4° Sable ferrugineux, visible sur. . . . . . . 1 ,00

Les sables ferrugineux couvrent le plateau des fosses de Gourbesville, au-dessus de la Meulière, et cachent la jonction de ce massif tertiaire avec celui d'Orglandes. On les rencontre aussi au plateau des maisons de Haot jusqu'au sapin d'Orglandes et bien au-delà au Sud ; ils sont d'une puissance d'au moins 20ᵐ à La Bonneville, et à 500ᵐ Est de la cour de Reigneville, un puits en a traversé 10ᵐ sans atteindre le sous-sol.

Crosville. — Nous avons relevé, en descendant vers l'église, la coupe suivante :

1° Limon calcaire. 1ᵐ,50
2° Diluvium de quartzite. . . . . 0 ,50
3° Sable ferrugineux un peu argileux. . . . . 2 ,50

Vers *Néhou*, tout le coteau qui joint la bande tertiaire de l'église à celle des Fosses et jusqu'au grand Hecquet est masqué par un sable ferrugineux épais, dépassant 6ᵐ. Hors du bassin tertiaire Nord, nous avons retrouvé le sable ferrugineux à Houtteville-en-Bauptois, sur le Lias. Dans le bassin tertiaire Sud, nous avons reconnu le quaternaire inférieur autour de Carentan, St-Ény et Périers ; dans toute cette région, il est très-épais, très-irrégulier, et se confond si bien avec le gravier triasique, qu'il n'est souvent pas possible de l'en distinguer ; c'est, du reste, un point sur lequel nous avons déjà insisté.

Les sables ferrugineux n'existent ni à Chef-du-Pont, ni à Picauville, sur le falun, ni à Fresville. A Rauville, St-

Sauveur-sur-Douve, Ste-Colombe, Golleville, ils paraissent manquer.

En résumé, les sables ferrugineux forment un véritable horizon géologique, et nous ne verrions guère d'objection à les considérer comme Pliocènes; si, d'un côté, ils ne présentent pas de faune, d'un autre ils sont ravinés par le Diluvium dont leur nature minéralogique les rapproche. La solution de cette question s'obtiendra probablement aux environs de Carentan, où il faudrait découvrir, ce qui n'a pu encore être fait, les rapports stratigraphiques de notre couche avec les traces des anciennes étapes des rivages quaternaires et Pliocènes.

II.

Diluvium, graviers inférieurs du limon.

Ce dépôt quaternaire se montre toujours à la base du limon calcaire; il est formé par un lit de cailloux roulés d'épaisseur variable (0,05 à 0,40°); galets remaniés, arrachés aux formations environnantes, d'une grosseur variant de celle d'une noisette à celle du poing, cimentés par une boue limoneuse argilo-sableuse, d'un brun jaunâtre terreux, *sui generis*.

Le Diluvium repose sur toutes les formations antérieures du département, même sur les plus éloignées du bassin tertiaire, et les a toutes plus ou moins ravinées; en dernier lieu, il a dispersé sur les bords du bassin tertiaire et enlevé totalement en certains points le sable ferrugineux, atteignant même les couches Miocènes et Éocènes.

C'est par ce ravinement profond du sous-sol que le Diluvium a pu laisser souvent à l'état de blocs roulés sur place des débris de formations aujourd'hui perdues et dispersées.

Le Diluvium n'existe point sur les pentes très-rapides et s'est accumulé, au contraire, dans les bas-fonds et les dépressions. Il est rempli d'argile verte dans les régions du bassin cotentinois qui avoisinent les dépôts de l'argile à Corbules ; au contraire, il est riche en fragments de calcaire à Baculites vers Chef-du-Pont et Golleville. Il est argilo-sableux et rouge sur les bords du bassin, au contact des roches du Trias.

On rencontre fréquemment des ossements dans le gravier quaternaire ; nous en avons ramassé un certain nombre, et nous avons étudié ceux recueillis par M. Bonnissent. Si nous n'avons pu malheureusement déterminer aucune espèce avec certitude, c'est par suite du mauvais état de conservation des échantillons, qui sont tous tellement roulés qu'ils deviennent méconnaissables ; on voit cependant que les plus abondants appartiennent à des os longs ou plats de ruminants et de jumentés ; on voit aussi des molaires de Bos, mais dans un état de conservation déplorable.

Amfréville. — Le Diluvium renferme des débris de grès vert en abondance et du sable ferrugineux du Limon inférieur.

Gourbesville. — Au sommet des Fosses, le Diluvium est chargé d'argile verte plastique et entoure en partie les gros blocs tabulaires de calcaire d'eau douce à Potamides ; il garde cet aspect jusqu'à Croslay, où il contient surtout des cailloux du Lias et des nodules du calcaire inférieur de l'Éocène.

Orglandes. — A la ferme de La Hougue, le Diluvium a profondément raviné les roches plus anciennes et pénétré dans leurs fentes ; c'est une argile verte à la base, brunâtre à la partie supérieure et dans laquelle abondent des fossiles remaniés, parfois en fort bon état, du Calcaire à Milioles, de l'argile à Corbules, etc. C'est un gîte dont il faut considérablement se défier, tout y étant confondu ; au sommet, les petits galets apparaissent et la couche passe insensiblement au limon fertile.

Hauteville. — Nombreux galets du Trias dans une argile brunâtre limoneuse.

Fosses de La Bonneville. — Le Diluvium contient à la fois dans cette localité des corbules en abondance, des galets de silex de la craie et des cailloux du Trias.

Crosville. — Le Diluvium est formé presque exclusivement de blocs arrondis de grès silurien et de quartzites blanchâtres très-roulés ; le dépôt est sensiblement horizontal, comme sur presque tout le plateau d'Orglandes, où les ravinements postérieurs et les travaux de l'homme l'ont rarement pénétré dans toute sa puissance.

Rauville. — Les galets participent en majeure partie des grès siluriens et des schistes dévoniens.

Néhou. — Vers le val de Néhou, le Diluvium n'est composé que de débris des marnes à corbules mêlés aux sables du Trias.

Golleville-Ste-Colombe. — Les galets de schistes et de calcaire dévoniens, de grès silurien dominent.

Dans le Sud du bassin tertiaire, vers Carentan et Périers, nous avons déjà eu l'occasion de dire que le Diluvium se confondait si bien avec le Trias et les sables ferrugineux que souvent toute distinction était impossible.

En général, comme M. Bonnissent le faisait très-bien remarquer, les roches sous-jacentes entrent pour la plus grande partie dans les dépôts diluviens qui les surmontent, et elles semblent s'être le plus souvent usées et détruites elles-mêmes sur place par leurs propres matériaux. En s'appuyant sur ces faits, on peut en tirer de très-intéressantes indications sur l'étendue primitive de certains dépôts. Ainsi, M. Bonnissent a trouvé le calcaire à Baculites, bien en dehors des limites actuelles de cette formation, et il s'est cru en droit de conclure que la mer crétacée avait dû pénétrer, au Nord, jusqu'à Bricquebec (à 125 mètres d'altitude), Foucarville, Négreville, Valognes; à l'Est, jusqu'à la mer; à l'Ouest et au Sud, vers St-Sauveur-le-Vicomte, Salsouef, Raids, Périers, Beuzeville-au-Plein, etc., formant ainsi les limites d'un grand golfe bien développé, comme pouvaient l'indiquer *a priori* les données paléontologiques démontrant, vers Chef-du-Pont, Ste-Colombe et Néhou, une faune profonde éloignée des vrais rivages.

À un point de vue très-général, le Diluvium s'observe sur les trois quarts de l'Europe, étant surtout développé dans les régions du Nord, ainsi que vers les massifs montagneux des Alpes et des Pyrénées; de l'autre côté du détroit, se retrouve, en Angleterre, un dépôt absolument semblable jusque sur le bord des falaises.

III.

Limon supérieur, calcaire, fertile.

Le limon calcaire d'un brun jaunâtre, quelquefois un peu rougeâtre, constitue uniformément le sous-sol de la terre végétale qui lui doit en partie son origine. C'est une matière très-complexe renfermant du carbonate de chaux en proportion prépondérante, de l'argile et du sable fin; c'est une boue délayée de toutes sortes de roches. Le Limon participe dans une certaine mesure du sous-sol, et c'est à cela qu'il doit ses qualités locales bonnes ou mauvaises, mais il possède aussi une unité générale qui en fait partout la terre cultivable par excellence.

C'est la terre à brique du nord de la France, le Lehm ou Loëss de la vallée du Rhin, le limon des plateaux du bassin de Paris. Le dépôt limoneux est toujours supérieur au Diluvium ancien de cailloux roulés et n'est recouvert que par les alluvions dites contemporaines. Dans le bassin tertiaire du Cotentin, l'épaisseur la plus grande que nous lui ayons trouvée a été de 4 mètres, mais la moyenne n'excédait pas 2 mètres. Le limon n'est pas stratifié; il semble le résultat d'une précipitation rapide, et ne renferme dans sa masse ni fossiles, ni cailloux roulés; les concrétions calcaires dues au dépôt dans les zones inférieures de la chaux dissoute par les eaux pluviales dans les zones supérieures y sont rares dans le Cotentin, la chaux étant dans la Manche l'élément relativement en proportion la plus faible.

Signalons enfin des sortes de tubulures à parois noircies qui occupent les régions moyennes et supérieures, et qui sont parfois très-nombreuses; c'est ce qu'on nomme des « champs de racines », car elles sont dues vraisemblablement à la putréfaction et à la disparition de racines d'arbres d'anciennes forêts.

Le limon calcaire est uniformément recouvert par la terre végétale, qui n'en est qu'une dépendance et dont nous ne pouvons guère le séparer.

IV.

Terre arable, terre végétale, marais, etc.

La terre végétale n'est que du limon calcaire aéré, fumé, traversé par les racines des végétaux annuels et mêlé à leurs débris ; c'est un produit d'altération , une couche très-modifiée par la culture et l'action immédiate des agents physiques.

La terre végétale en contact direct, soit avec les couches anciennes , soit avec le limon inférieur , est peu productive ; c'est-à-dire que quand le limon calcaire supérieur vient à manquer ou est très-mince , il en résulte une bruyère ou lande difficilement cultivable.

Nous n'avons pas au reste à insister sur cet ordre de considérations qui est en dehors de l'étude géologique que nous avons entreprise.

Marais. — Les marais , très-étendus dans la région tertiaire du Cotentin, et constitués par une terre nommée *poumon* par les gens du pays , sont des régions basses, dans lesquelles l'écoulement régulier des eaux n'est pas possible à cause du voisinage de la mer, et où , par suite, les végétaux putréfiés et les terres entraînées s'accumulent.

Le marais repose quelquefois sur le limon et le Diluvium , d'autres fois directement sous le sous-sol ancien (calcaire à Baculites à Chef-du-Pont ; calcaire à Orbitolites à Fresville).

Dans les points où la végétation herbacée est active par suite de la pureté relative de l'eau, il se forme de *la tourbe.* Dans le Sud , la tourbe formée surtout de sphaignes est très-noire et très-poreuse ; à St-Sauveur et dans le marais qui touche Néhou , les joncs et les graminées abondent , au contraire , et la tourbe est compacte et dure. Le marais est une source de richesse pour la région ; il constitue des prairies artificielles permanentes précieuses pour l'élevage des bestiaux.

En résumé , le terrain quaternaire de la Manche forme deux groupes distincts : le limon inférieur , dépôt sableux ,

peut-être Pliocène , et le limon supérieur , qui comprend , à
la base un Diluvium à cailloux roulés , à la partie moyenne
une masse terreuse principale et au sommet une zone altérée,
mêlée de débris organiques et formée aux dépens de la précédente.

RÉSUMÉ ET CONCLUSIONS.

Après avoir passé en revue tous les terrains indiqués par
notre programme , et être arrivés à la fin de notre travail
descriptif, nous voulons résumer aussi brièvement que possible les traits les plus saillants de l'histoire de ces terrains
par des considérations déduites des mouvements du sol (1).

Le premier dépôt qui nous intéresse s'est formé après une
longue période continentale , après un affaissement général
de l'Est de la Bretagne , c'est le grès vert. Un mouvement
lent d'élévation a mis fin à cette période , et nous constatons
un nouvel état de choses continental ; l'émersion fut d'assez
longue durée et tout nous est inconnu à ce moment. L'arrivée
de la mer Sénonienne du calcaire à Baculites changea la face
des choses ; une étendue du Cotentin plus grande qu'aucune
autre dans le passé fut recouverte par les eaux jusqu'à
l'apparition d'un soulèvement général , qui mit fin à la pé-

____

(1) On admet généralement aujourd'hui en géologie que le niveau
de la mer a peu varié à la surface du globe , les mers anciennes ayant
été moins profondes, mais plus étendues que les mers actuelles, la
quantité d'eau étant restée à peu près la même, l'étendue des parties
émergées et immergées ayant seule changé. Il n'y a pas de démonstration bien positive de cette opinion ; elle résulte surtout de ce fait ,
que partout des mouvements très-variés et très-lents du sol ont été
constatés, tandis qu'aucune preuve n'a pu être donnée d'un changement de niveau de la masse liquide.

riode du calcaire à Bacolites et à celle dite crétacée tout ensemble, chacun de ces changements locaux du Cotentin n'étant que la dépendance, le prolongement de transformations géologiques et paléontologiques plus générales.

Pendant tout le commencement de l'Éocène, c'est-à-dire toute la première partie du tertiaire inférieur, le Cotentin est émergé; mais, à l'âge du calcaire grossier inférieur parisien, un affaissement du sol amène le calcaire noduleux, et cet affaissement s'accentuant davantage, détermine la faune du calcaire à Orbitolites qui, liée à sa période terminale au calcaire à Milioles, permet de préciser la suite d'un mouvement ascensionnel continu. La période Éocène moyenne prend fin : une durée continentale équivalente au dépôt des sables de Beauchamp et du calcaire de St-Ouen, aux environs de Paris, lui succède : moment intéressant pour l'histoire des faunes du Cotentin, car les animaux qui apparaissent, lors du retour de la mer de l'argile à Corbules, sont entièrement distincts. Une émersion clot la période boueuse du Miocène inférieur; une cinquième ère continentale commence, et il nous en est resté des traces dans les deux dépôts d'eau douce de Néhou et de Gourbesville.

Ces deux formations lacustres sont bien distinctes et successives ; une série d'origine différente vient donc se superposer aux deux grandes séries marines Crétacé et Éocène déjà considérées.

A la suite des formations d'eau douce, un profond affaissement permet à la mer des faluns d'arriver jusqu'à la Manche ; cette mer persista longtemps, mais un mouvement du sol change encore la face des choses et, après une légère excursion, une nouvelle mer dite du conglomérat à Térébratules succède à celle des faluns. La fin du dépôt du Tuf de St-Georges-de-Bohon est amenée par une élévation lente et continue qui a persisté jusqu'au moment actuel et dont nous retrouvons les étapes successives dans les rivages des marnes à Nassa et de la mer actuelle.

Ainsi, au-dessus des deux formations d'eau douce continentales, nous observons deux dépôts marins distincts comme au-dessous, complétant donc un ensemble de 5 systèmes naturels de couches bien délimitées. A ne considérer que le Cotentin, et sans avoir égard à l'importance relative des lacunes par comparaison avec les autres pays, on pourrait donc représenter par le tableau ci-après l'histoire du pays pendant la période crétacéo-tertiaire.

TABLEAU DES MOUVEMENTS DU SOL DE LA MANCHE,
PENDANT LA PÉRIODE CRÉTACÉO-TERTIAIRE.

I.   Continent Jurassique supérieur et crétacé inférieur.
        1. Affaissement local.
II.   Dépôt du grès vert à Orbitolines (submersion).
        2. Soulèvement d'une partie de l'Ouest.
III.   Continent crétacé durant la craie marneuse et la craie
        blanche inférieure.
        3. Affaissement général.
IV.   Dépôt de la craie à Baculites.
        4. Soulèvement de tout l'Ouest.
V.   Continent pendant l'Eocène inférieur entier (émersion).
        5. Affaissement du bassin du Cotentin.
VI.   Dépôt du calcaire noduleux (communication avec Paris,
        Nantes, etc.).
        6. Affaissement plus considérable, rapide.
VII.   Dépôt du calcaire à Orbitolites.
        7. Relèvement léger et continu.
VIII.   Dépôt du calcaire à Milioles.
        8. Emersion générale de l'Ouest.
IX.   Continent Eocène supérieur (dépôt des grès de la
        Sarthe).
        9. Affaissement vers le Nord-Est.

X.   Dépôt des Marnes marines à Corbules (mer du Gypse?).
       10. Soulèvement important.
XI.   Dépôt continental des marnes à Bithinies.
       11. Exhaussement, régime des grands plateaux.
XII.   Dépôt continental des Meulières à Potamides.
       12. Affaissement d'une grande partie du Sud et de
          l'Ouest.
XIII.   Dépôt de Faluns à Bryozoaires.
       13. Oscillation où émersion avec affaissement pos-
          térieur équivalent.
XIV.   Dépôt du Tuf à Térébratules.
       14. Exhaussement rapide.
XV.   Dépôt des Marnes à Nassa (suite d'un exhaussement
          lent).
       15. Exhaussement continu (surface exondée voisine
          de l'état actuel).
XVI.   Limon inférieur sableux (dunes?).
       16. Dénudation générale (Europe occidentale).
XVII. Dépôt des Cailloux roulés et du limon supérieur.
XVIII. Période actuelle d'altération du limon.

Nous présentons enfin, en terminant cette étude, un
tableau général du synchronisme des couches tertiaires de
la Manche avec celles des autres régions du grand bassin
tertiaire Nord de l'Europe ; nous ne le faisons que sous
toutes réserves ; car si le versant Nord n'a pas cessé de
constituer une vaste région naturelle, un ensemble géologique, cependant toutes ses parties n'ont pas toujours com-
muniqué entre elles ; et si la faune générale présente un
faciès commun, analogue par suite d'une même origine et
d'une identité de milieu particulière, cependant toutes les
faunes contemporaines ne sont pas semblables et n'ont pas
présenté les mêmes développements locaux.

Les incertitudes qui persistent encore sont dues surtout à la variété de la nature minéralogique et à la dénudation, qui a fait disparaître bien des formations intermédiaires intéressantes.

Nous avons admis les régions suivantes :

1° Bassin de la Loire (Touraine , Anjou , Bretagne).

2° Bassin Anglo-Parisien comprenant :

    A. Faciès Sud, bassin de Paris.
    B.   »   Nord,   »   du Hampshire et l'île de Wight.

3° Bassin Anglo-Flamand comprenant :

    A. Faciès Sud, bassin de Bruxelles.
    B.   »   Nord,   »   de Londres.

TABLEAU du synchronisme probable des terrains Tertiaires du Cotentin avec ceux du Nord de l'Europe.

DIVISIONS.	COTENTIN.	BASSIN DE LA LOIRE.	BASSIN DE PARIS	BASSIN du HAMPSHIRE.	BASSIN de LONDRES.	BASSIN de BRUXELLES.
Pliocène. Supér…	Marnes à Nassa du Bosq……	……	……	……	Chillesford Sands..	Sables d'Anvers à Fusus antiques.
Inférieur.	Conglomérat à Térébratules……	……	……	……	Red crag…… Coralline crag?	Sables d'Anvers à Isocardia cor. Sables Diestiens.
Miocène. Supér…	Falun à Bryozoaires Calc. à Potamides.	Falums de la Loire…… Calcaire à Hélix…… Calcaire lacustre de la Chaussaye……	……	……	……	……
Moyen…	Marne à Bithinies.	Calcaire de St-Jacques.	Calcaire de Beauce. Sables de Fontainebleau……	Lignites de Borey-Tracey….	……	Argile de Boom.
Inférieur.	Argile à Corbules.	……	Gypse……	Hampstead series Bembridge series	……	Sables de Bergh. Sables d'Hiernaut.
Eocène. Supér…	……	Grès à flabellaria de la Sarthe……	Calc. de St-Ouen.. Sab. de Beauchamp	Osborne series.. Headon series…	……	……
Moyen…	Calc. à Géodes de Néhou…… Calcaire à Milioles (pars)…… Calc. à Orbitolites. Calcaire Noduleux.	Calcaire de Campbon.. » d'Arthon-Chemere.	Caillasses et cal. gr. sup' Calcaire grossier moyen. » » infér.	Barton clay…… bracklesham series.. Id……	……	Sables de Wemelle. » de Laeken.
Inférieur,	……	……	Sab. du Soissonnais Sab. de Bracheux.	Bognor series… Plastic clay……	London clay.. Thanet sand..	Bruxellien. Ypresien. Landénien.

Note A.

Le gîte du Plessis-Grimoult (Calvados), situé à 10 kilom. Ouest de la station d'Harcourt-Thury , et décrit pour la première fois par M. de Caumont dans sa *Topographie géognostique du Calvados* (page 280), n'a pas été étudié depuis, à notre connaissance. Ce gîte se montre sur le penchant d'une colline occupée autrefois par les Romains, du côté qui regarde Campandré ; la carrière qui a fourni ses indications à M. de Caumont est depuis longtemps comblée ; cependant, nous avons cru pouvoir relever la coupe suivante que nous complétons à l'aide de renseignements pris sur les lieux :

1° Terre végétale. — Limon calcaire. . . . . . . 1ᵐ »»
2° Argile noire plastique. . . . . 2 »»
3° Calcaire blanchâtre, piqué de vert, peu fossilifère,
    passant au suivant. . . . . 1 »»
4° Calcaire chlorité, très-fossilifère avec cailloux à
    la base et grains nombreux de fer oolithique
    remaniés de l'oolithe ferrugineuse, environ . 2 »»
5° Grès silurien.

Le Diluvium , à la base du limon, renferme des silex noirs, irréguliers , fossilifères , qui appartiennent à la craie blanche. L'argile noire très-plastique, ligniteuse, renferme quelques nodules de fer pyriteux. Elle a fourni à M de Caumont des nodules organisés qui nous semblent des graines d'après ses dessins ; l'âge de cette couche est absolument inconnu , nous ne connaissons rien de semblable aux environs, dans un rayon très-considérable , et nous engageons vivement les naturalistes qui habitent dans le voisinage à rechercher les nodules indiqués par M. de Caumont pour savoir si la flore ne pourrait pas donner quelques renseignements à cet égard. Ce pourrait être l'équivalent de l'argile plastique des environs de Paris dont M. Guiller a indiqué des analogues dans la Sarthe ; nous préférerions cependant y voir le représentant de l'argile miocène à Lignites du Cotentin, dont nous avons parlé précédemment, et qui se présente avec un aspect identique. Les couches 3ᵉ et 4ᵉ nous ont fourni les espèces suivantes :

* Dents de Squales.
* *Serpula*, voisine de la *S. sexcarinata*, Gold (*Dentalium*).
  Vermilia, n. sp.
* *Ammonites varians*, Sow.
  Trochus (moule).
* *Vénus* (moule).
  Cyprina, sp. ?
  Cardium productum, Sow.
  Pinna (moule).
* *Trigonia scabra*, Lamarck ?
  Trigonia crenulata, id.
  Pecten orbicularis, Sow.
* *Janira quinque costata*, Sow.
* *Spondylus striatus*, Gold.
  Ostrea carinata, Lamk.
* *Ostrea colomba*, Duch. (var. *Minor*. d'Archiac).
  Terebratula biplicata, Brocc (jeune).
  »   voisine de la *Terebratula Hebertii*.
* *Cidaris vesiculosa*, Gold. (Baguettes striées en long).
  Pentacrinus sublævigatus, d'Orb.
  Pentetagonaster, sp. ? (osselets).
  Montlivaultia Guerangeri, Ed. et H. (l'Epithèque supposée disparue).
  Laterotubigera cenomana, d'Orb.
  Heteropora surculacea, Mich.

Nous indiquons par une astérisque les espèces déjà signalées par M. Deslonchamps en 1828, et nous rappelons les genres suivants qu'il a reconnus : *Turrilites*, *Melania?*, *Arca*, *Astarte*, *Isocardia*, *Polypiers astreïens*.

La Craie glauconieuse Cénomanienne supérieure à laquelle appartient incontestablement ce niveau a été divisée comme suit par M. Hébert (*Bull. Soc. Géol. de France*, 2ᵉ série, tome XVI, p. 155) :

| Craie chloritée (Cénomanien). | Grès du Maine. | Marne à *Ostracea*.
Grès à *Trigonies* et *Orbitolines*. |
| | Craie de Rouen. | Zone à *Scaphites æqualis*.
Zone à *Pecten asper*. |

C'est à la zone inférieure du Grès du Maine que notre formation se rapporte ; peut-être, cependant, ne serait-il pas impossible d'y voir un dépôt latéral, côtier de la craie glauconieuse de Rouen à *Ammonites Rhotomagensis* ; c'est une question théorique délicate que nous indiquons sous toutes réserves.

TABLE DES MATIÈRES.

Caen, typ. F. Le Blanc-Hardel.

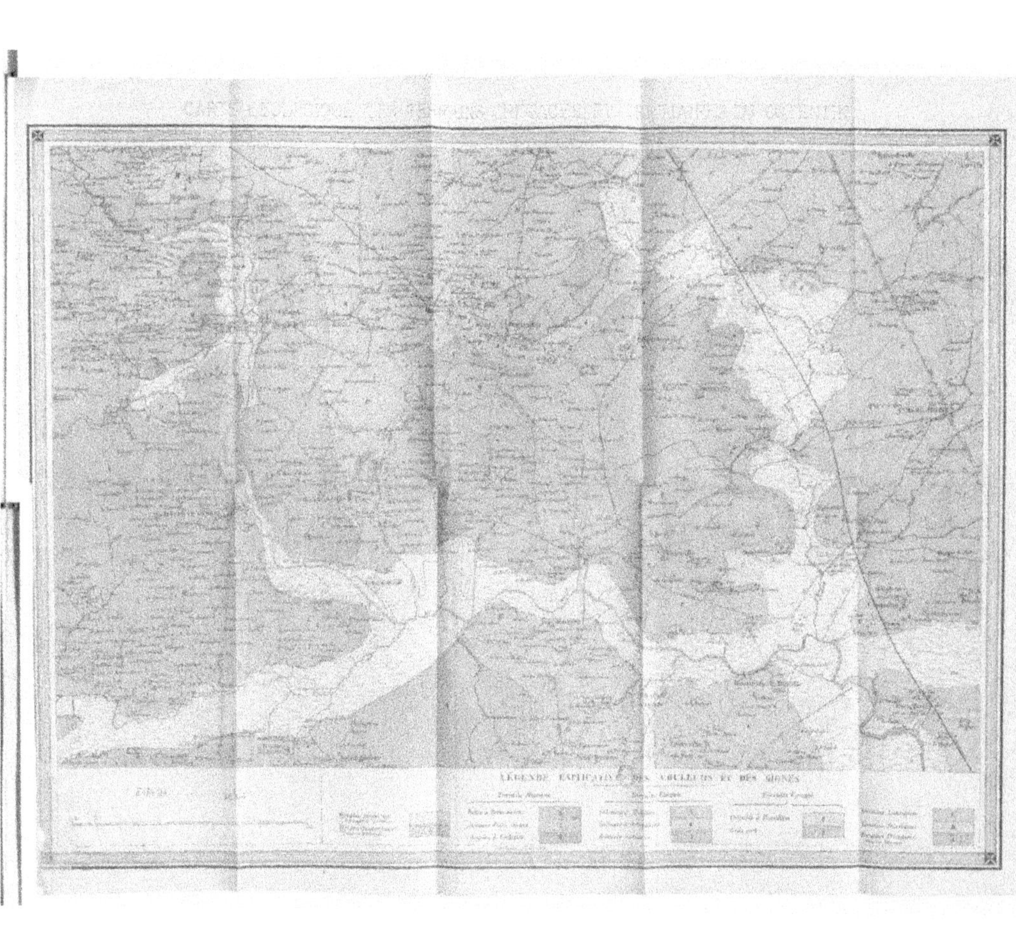

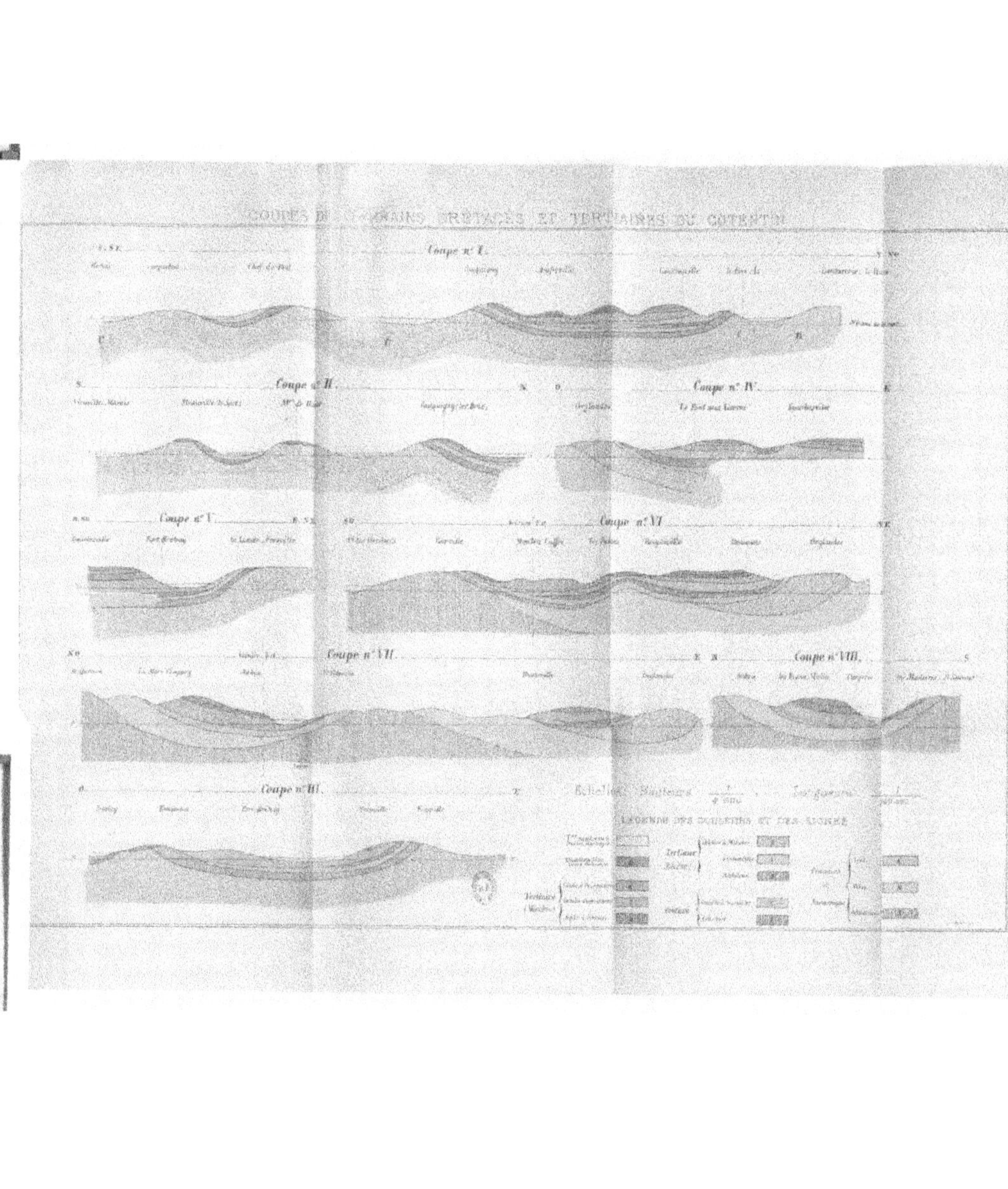
COUPES DES TERRAINS CRÉTACÉS ET TERTIAIRES DU COTENTIN
Coupe n° I.
Coupe n° II.
Coupe n° III.
Coupe n° IV.
Coupe n° V.
Coupe n° VI.
Coupe n° VII.
Coupe n° VIII.
LÉGENDE DES COULEURS ET DES SIGNES